住宅格局破解术

漂亮家居编辑部 著

江苏凤凰科学技术出版社

还没进入室内设计编辑这个领域之前，每次拿到开发商发的宣传广告册，一定先看平面格局配置，印象中其格局都不会太差，但几乎都是一条走道，然后两边是房间，看久了也觉得好无趣。

这几年下来采访的案例少说也有上百个，有些设计师就很擅长破解格局，可以把缺点转化成优点，甚至能够放大空间或是提高平效，其实有时候只是移一道墙，但是要移哪道墙就看每个设计师的功力了。

去年年底买房，自己也有过一场格局调整的挣扎，记得验收交房结束后，我立刻决定要把客厅旁边的和室打掉，但也马上遭到爱人的反对，他说：打掉要花钱，修补也要花钱，而且现在是3房，拆掉不就只剩下2房？这可能是很多业主的想法，但我知道拆掉和室得到的好处绝对比不拆好，虽然会多花一些钱。

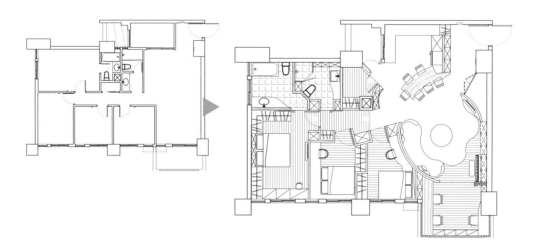

果不其然，装潢后爱人对我坚持拆掉和室的做法表达了深度的认同，因为这样做使光线整体上很明亮，空间感觉也变大了，甚至还利用3.6米的挑高做出了很大的储藏室。

后来邀请同事们来新家聚会，总编辑还帮我构思出另一种格局形态，和现在的格局迥然不同，把拥有好视野的主卧室变成开放餐厅，其比起现在的客餐厅更为方正，没有浪费的角落，仔细思考的确也不错。只能说没有完美的格局，而是视每个人对生活的形态和需求而定，但反过来看，也就是说一个房子不是只有一种格局破解法。

因此，我们这次便以住宅常见的6大屋型为主要分类，并邀请室内设计圈具有建筑或室内设计相关背景的资深设计师团队，针对各种屋型分析经常会面临的格局疑难杂症，讲解这些状况的平面破解法＋实际案例前后对比，为其他室内设计师提供各种屋型、格局通用的解决技巧。

漂亮家居编辑部　许嘉芬

2016年7月

目录

008　**1　挑高屋型**

010　单面采光·平面图破解：
　　　活用4米挑高，打造镂空夹层分享空间与光源，明亮又宽敞

012　单面采光·平面图破解：
　　　多面向环绕动线+ 夹层开窗，引入光线带来好通风

014　楼梯卡梁·平面图破解：
　　　双梯设计避开大、小梁，夹层可舒适"站立"且创造两房与收纳功能

016　楼梯卡梁·平面图破解：
　　　Y 字形楼梯化解梁深，也让夹层更好用

018　楼梯位置·平面图破解：
　　　楼梯移至住宅中央，起居间与书房位于同一直线，欣赏大开窗景致

020　高度不足·平面图破解：
　　　结合木作柜体，上下"借"空间，成功划分出第二间房

022　高度不足·平面图破解：
　　　缩小主卧放大客厅，并增设夹层，让一房变两房

024　高度不足·平面图破解：
　　　错层设计增设主卧与更衣间，增加舒适性，化解压迫感

026　错层结构高低落差·平面图破解：
　　　转折楼梯制造落差打造工作室，夹层增设卧室增加居住功能

028　错层结构高低落差·平面图破解：
　　　善用落差区隔公私区域，并运用复合手法打造出丰富功能

030　开门见卫浴·平面图破解：
　　　卫浴移至夹层，让一楼公共空间更完整

032　实例破解01

036　**2　长形屋**

038　走道冗长阴暗·平面图破解：
　　　移除不必要次卧将公共空间放到最大，调整主卧增加更衣空间

040　走道冗长阴暗·平面图破解：
　　　调整空间配比，拉门与镜面带来光线的提升与反射

042　单面采光·平面图破解：
　　　厨房转方向，搭配活动隔断，转出好采光与大空间

044　单面采光·平面图破解：
　　　厨房内迁，主卧往两侧延伸，同时扩增窗户面积，变身明亮宽敞寝区

046　仅前后采光・平面图破解：
善用原有建筑物的天井，装上强化玻璃，天棚变身主要采光源

048　仅前后采光・平面图破解：
拆除隔间，降低窗台，加大窗户面积，光线蔓延入室

050　中段是暗房・平面图破解：
放宽走道，结合局部开窗与玻璃隔间，迎接舒适光线

052　中段是暗房・平面图破解：
环状动线+开放书房，解救角落的阴暗房间

054　公共厅区占据前后两端・平面图破解：
餐厨移至居家中心，串联互动引光景，更放大空间感

056　实例破解01

060　实例破解02

068　实例破解03

074　实例破解04

078　3　方形屋

080　公私配置不当・平面图破解：
调整主卧位置统整公共区域，提升空间受光面积

082　公私配置不当・平面图破解：
重新分配公私区域比例，调整空间配置，使其符合目前生活状态

084　公私配置不当・平面图破解：
圆形客厅超有型，纳入采光书房更大气

086　公私配置不当・平面图破解：
开放弹性练舞室+"回"字形动线，拉大空间尺度

088　公私配置不当・平面图破解：
两个卧室尺度缩减，换取宽敞中岛餐厅与自由生活线

090　公私配置不当・平面图破解：
客厅、主卧、厨房大位移，灯墙、玻璃隔间让住宅焕然一新

092　公私配置不当・平面图破解：
撷取1／2主卧室面积纳入公共厅区，拥有开阔活动区域

094　隔间划分零碎・平面图破解：
空间轴向翻转45度，家具不靠窗，带来好视野

096　隔间划分零碎・平面图破解：
舍弃2房延伸作为主卧更衣间，厅区面积扩增，使用更舒适、更有效率

098 隔间划分零碎 · 平面图破解：
统整格局将隔间数减到最低，利用推拉门创造空间使用弹性

100 隔间划分零碎 · 平面图破解：
拆除多余两房，平均分配平效

102 动线转折多 · 平面图破解：
客厅、餐厅打开，用"游乐场"概念打造居家图书馆

104 动线转折多 · 平面图破解：
房门移位+ 消除走道，扩大书房与卧室空间

106 动线转折多 · 平面图破解：
隔间降到最低限度，以"回"字格局创造无限循环动线

108 动线转折多 · 平面图破解：
整合电视墙、吧台量体，环形动线让3只狗狗在家开心绕圈圈

110 大门对厕所 · 平面图破解：
暗房瓦解成就大厨房，原有厨房变身餐厅，灰色老屋豁然开朗

112 大门对厕所 · 平面图破解：
廊道右移变L形动线，解决门对门的问题，又能增加展示柜与更衣室

114 实例破解01

120 实例破解02

124 实例破解03

130 实例破解04

134 实例破解05

138 **4　多楼层屋型**

140 楼梯位置 · 平面图破解：
楼梯移位，化为空间艺术装置与动线主轴

142 楼梯位置 · 平面图破解：
楼梯移往邻近客厅，采光明亮，视野开阔

144 楼梯位置 · 平面图破解：
楼梯移到左后方，提高每个楼层使用平效

146 楼梯位置 · 平面图破解：
楼梯换到另一侧，空间变大了，直梯也让光线更充足

148 楼梯位置 · 平面图破解：
一字形楼梯移至中央靠墙与案桌整合

150 无视成员需求的分层规则 · 平面图破解：
楼层区域属性对调，开放厅区拥有好视野，卧室功能完善

152 实例破解01

160 实例破解02

164 实例破解03

170 实例破解04

178 5 特殊屋型

180 三角不规则·平面图破解：
重划动线改善歪斜公共空间，房间临窗光线通透

182 圆弧形·平面图破解：
拆一房变大和室，光线进来了，动线也更流畅

184 多边形·平面图破解：
大面穿衣镜放大视觉效果，造型收纳柜转移焦点

186 多边形·平面图破解：
拆除厨房隔间引光线入厅区，重整卫浴，客厅变方正

188 实例破解01

194 实例破解02

200 6 双拼屋型

202 套房合并·平面图破解：
向内争取洗衣晾衣空间，客浴微退缩换来宽敞感

204 套房合并·平面图破解：
柜子修饰整合收纳柜，化解梁柱结构

206 "冂"字形合并·平面图破解：
客厅餐厨位置对调，借动线引导，串起空间和视野

208 左右对称合并·平面图破解：
从玄关创造双动线，通过重整格局，缩短各空间的行进路线

210 左右对称合并·平面图破解：
调整客浴，将走道纳入电视墙、餐厅利用范围，打造可独立又可连接的双拼大宅

212 实例破解01

220 实例破解02

226 实例破解03

1

挑高屋经常出现在密集度高的都会区，为了让小面积有"超值"的效益，许多人会选择规划夹层，但夹层往往有太低不好使用的窘境，另一方面，集合住宅将所有单元配置在走廊单侧或两侧，同样也会有单面采光及通风不佳的状况，甚至于若遇有大梁问题，规划夹层时要小心避开，免得在夹层走动还要弯腰。

挑高屋型

格局专家咨询团队

挑高屋型的5大格局
剖　　　析

1 单面采光、空气不流通　一般挑高屋只会有单面采光，造成光线只会集中在前段，局部空间阴暗，也因为单向开窗的关系，室内空气无法对流，感觉较为室闷。（详见010页、012页）

2 楼梯位置不对，甚至卡梁　挑高小宅，如果楼梯位置设计不当，会让空间变得更拥挤，动线也很不顺畅；如果只是单纯将其视为过道，又太浪费空间资源。此外，挑高屋也经常遇到中央穿越大梁的状况。（详见014页、016页）

3 进门入口就是浴室，令人深感不便　挑高住宅绝大多数都会将浴室规划在入口处，其实从使用上来说不见得方便，如果将卧室规划在夹层，反而还得走下来才能使用。（详见030页）

4 高度有限，夹层难以规划　一般来说因为还要扣除楼板高度，会建议挑高至少有4.2米时最好规划夹层，不过很多早期的挑高小宅多半只有3米、3.6米的高度，上层空间的尺度分配变得更为重要。（详见020页、022页、024页）

5 错层结构，空间较难配置　有些挑高房子本身就有地面落差的结构问题，对于公私区域的安排比较难以规划，动线的流畅性也必须审慎拿捏。（详见026页、028页）

翁振民
幸福生活研究院

每次总会提出三种不同格局给业主，认为格局是一个脑力激荡的过程，一个平面有千百种配法，每个配法都是一个不同的故事。

张成一
将作空间设计

具有建筑师背景，不受制式格局的局限，总是能给予崭新的格局动线思考，因此变更后的配置皆能令人眼前一亮。

MD 明代设计团队

拥有15年以上的丰富经验，着重将户外环境与居住者生活形态作为格局思考的要点，加上其自然素材与设计手法的呈现，作品经常让人有舒压的感觉。

胡来顺
瓦悦设计

擅长且经手过数十个挑高住宅的规划，而且常常遇到面积超小又要塞很多人、拥有很多功能的状况，且都能迎刃而解，创造出比原来还宽敞的空间感。

平面图破解

单面采光

文／黄婉贞 空间设计及图片提供／瓦悦设计

问题	房子采光面与邻栋过近，长年阴暗
破解	**活用 4 米挑高，打造镂空夹层分享空间与光源，明亮又宽敞**

业主夫妻在这个29.73平方米大的家租住了15年后，因为发现买不起更大的房子，索性将原屋买下进行改造。住宅基地呈L形，对外窗少加上与邻栋距离过近、遮蔽光源，造成全室阴暗。设计师以客厅作为重心并且保留客厅区域的挑高，改善室内采光，屋内三个房间围绕在客厅周围，让明亮的阳光得以照进室内。全室采用纯白色调搭配木头的质感、轻玻璃的轻盈调性，房子虽小也能无压而感到自在。

室内面积：**29.73 平方米**｜原始格局：**1 房 1 厅 1 卫**｜规划后格局：**3 房 1 厅 1 卫**｜居住成员：**夫妻、1 子、1 女**

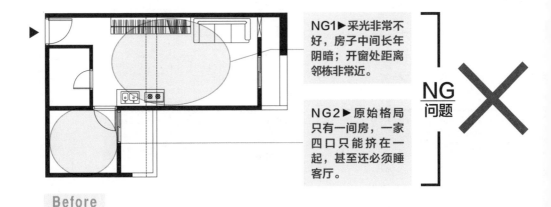

NG1▶ 采光非常不好，房子中间长年阴暗；开窗处距离邻栋非常近。

NG2▶ 原始格局只有一间房，一家四口只能挤在一起，甚至还必须睡客厅。

NG 问题 ✕

Before

OK
破解

切掉卫浴一角，放大开口更宽敞

OK1▶ 卫浴在不影响使用的前提下，被切掉一角，令入口玄关部分更加宽敞，给人宽敞的第一印象。

清玻璃隔间兼具良好采光与视野

OK2▶ 把客厅当作天井，以此为出发点，并沿着客厅周围展开夹层格局，夹层大量运用清玻璃隔间，只要家中任一房间开灯，全室都能分享到光源。

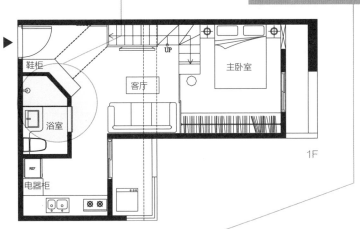

1F

鞋柜
浴室
REF
电器柜
客厅
UP
主卧室

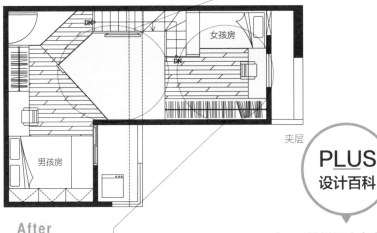

夹层

DN
DN
女孩房
男孩房

After

活用挑高规划两间儿童房

OK3▶ 活用住宅4米挑高优势，规划夹层作为两个孩子的卧室，上层180厘米、下层约210厘米，让身高160厘米的女儿都能活动自如。

PLUS
设计百科

双向V形楼梯解决中央横梁问题

横亘房屋中央的大梁是夹层无法避免的障碍，无论规划在楼梯还是夹层走道，都不免要蹲低身子才能行走。为了解决该问题，除了利用不规则天花造型修饰外，特别做双向V形楼梯避开，让上下走动时无须低头弯腰而行。

平 面 图 破 解

单面采光

文／许嘉芬　空间设计及图片提供／KC DESIGN

问题	只有单面采光，空气不流通

破解	**多面向环绕动线＋夹层开窗，引入光线带来好通风**

36.34平方米3.6米高的房子，需容纳一对夫妻和两个学龄前儿童，平时有在家工作的需求，又要兼顾孩子活动及家长照顾的便利性，设计师将餐厅、工作室整合在同一区域，让需长期停留的区域保有最舒适的高度，夹层移至狭长屋中段，让大片落地窗发挥最大采光作用，并在夹层开出窗口，建构出多面向的环境、自由动线，争取更多光线及通风。

室内面积：**36.34 平方米**｜原始格局：**1 房 1 厅**｜规划后格局：**1 房 1 厅、游戏区**｜居住成员：**夫妻、1 子、1 女**

NG1▶ 仅单面采光，位于较深处的空间无法接收光线。

NG2▶ 单面采光的缺点是，只有阳台有唯一的对外窗，造成室内空气窒碍、不流通。

NG
问题 ✕

REF

洗

Before

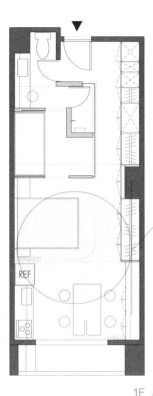

1F

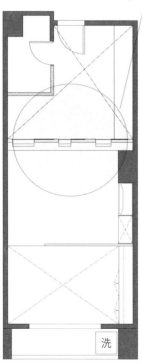

After 夹层

下层自由环绕动线

OK1▶ 下层的主卧室、儿童房、卫浴位于同一个区域内，彼此的开放关系，使动线以儿童房为中心环绕，主卧室和餐厅之间也是采用软性隔断，让光线能渗透至最深处。

夹层设于中段并开窗

OK2▶ 为了争取更多的光线及通风，将夹层安置于中间部分，并透过方形开窗使空气更为流通。

PLUS
设计百科

夹层开口兼具趣味性与实用性

通过夹层游戏室开口的设计，小朋友可以经由床铺攀爬进入，对孩子来说增添了玩乐趣味，而父母在夹层时也能随时照看小孩，开口侧边设有活动门片，兼具隐私考量。

平 面 图 破 解

楼梯卡梁

文 / 许嘉芬　空间设计及图片提供 / 幸福生活研究院

问题	空间横跨了大、小梁结构
破解	双梯设计避开大、小梁，夹层可舒适"站立"且创造两房与收纳功能

这个挑高住宅虽然高度还算适合规划夹层，但是由于空间横跨了大、小梁结构，楼梯位置若无法避开梁位，夹层反而给人以压迫感，令人不舒服，而且还要考虑行走楼梯的舒适性。比较特别的是，在这个案子里设置了两道楼梯，先是避开大梁结构，也让楼梯间站立的高度维持在175厘米，第二道楼梯则位于主卧，利用局部挑高规划出更衣间，此处高度达210厘米，使用上也非常舒适。

室内面积：**90.91平方米** | 原始格局：**3房2厅** | 规划后格局：**2房2厅、书房、游戏区** | 居住成员：**一家四口**

NG 问题

NG1▶ 原始天花净高将近4米，然而空间横跨了大、小梁，大梁下的高度约为3.4米，小梁下高度是3.6米，楼梯位置必须兼顾站立高度与避开梁位。

NG2▶ 主卧室空间有限，需要充裕的更衣间，以及想要有干湿分离与浴缸设施。

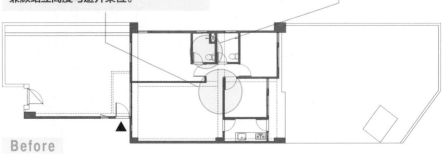

Before

OK
破解

斜切动线设计，走道、主浴更宽敞

OK1► 原本从主卧室门进去右侧就是卫浴入口，动线上十分有压迫感，客厅与主卧隔断的尺度也造成走道的窘迫，因此设计师将隔断缩短，房门与卫浴入口改为45度斜切设计，并让下层主卧回归单纯的休憩功能，得以扩增浴室的平效。

拆一房避开大梁，通往夹层无压迫感

OK2► 将原本一楼厨房旁的卧室予以取消，让第一道楼梯能避开大梁，往夹层拾级而上面临的小梁结构下部，由于使用上属于行经而过并非久留，因此此处净高维持在175厘米左右，通往两旁的书房、儿童房则拥有2米以上的舒适高度。

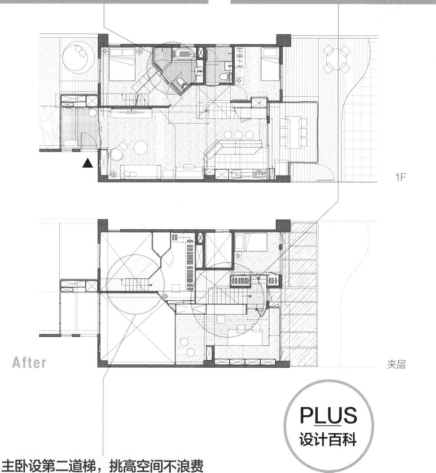

1F

After

夹层

PLUS
设计百科

主卧设第二道梯，挑高空间不浪费

OK3► 为避免楼梯受到大小梁位的压迫，主卧室上端的挑高空间独立使用另一道楼梯，卧室床铺采用架高地面设计与楼梯第一阶等高，再往上七阶便是更衣间与储藏室，让每一区的挑高都能达到妥善规划运用。

夹层书房采用玻璃隔断连接楼层形成互动

客厅维持挑高设计，上层的书房、游戏区隔断特别选用清玻璃打造，当孩子阅读或玩耍的时候能与楼下的家人保有互动，此外视野也更为开阔。

平 面 图 破 解

楼梯卡梁

文 / 许嘉芬　空间设计及图片提供 / 幸福生活研究院

问题	梁深75厘米，楼梯难以设立
破解	**Y字形楼梯化解梁深，也让夹层更好用**

4（房）+2（厅）+2（卫）+1（厨）+2（储藏室）+1（游戏区）=84.25（平方米）。设计师利用4.2米的楼高以及Y字形的楼梯，让这道数学题迎刃而解。Y字形的楼梯化解了75厘米梁深与踏阶高度的尴尬，挽救了夹层空间被大梁切割零碎的命运，让阶梯的位置与梁平行而上，在接近梁下部处退两阶，使梯身左右分向形成Y字形，成功解决梁过深造成人无法在梁下站立的问题。

室内面积：**84.25 平方米** | 原始格局：**3 房 2 厅** | 规划后格局：**3 房 2 厅、客房、储藏室、游戏区** | 居住成员：**一家六口**

NG1▶楼梯位置难以抉择，还要避免量体压缩空间。

NG2▶大梁深度达75厘米，除了要思考楼梯是否能避开大梁位置之外，还得解决人无法站在梁下的问题。

NG问题 ✕

Before

OK
破解

流线型楼梯化解量体压迫感

OK1▶ 楼梯的流线造型与玻璃扶手大大降低量体的压迫感，增加律动感，亦提高了用餐时的视觉乐趣。

Y字形楼梯化解梁深的困扰

OK2▶ 解决梁造成楼梯无法设置的难题，便是让阶梯的位置与梁平行而上，在接近梁下部处退两阶，使梯身左右分向形成Y字形，成功解决梁过深造成人无法在梁下站立的问题。

After　　　　1F

PLUS
设计百科

一门两用，解决厨房油烟

释放封闭式厨房以及与其相连的房间，形成开放式餐厨区，偶尔需要隔断阻挡油烟时，则以同轨门片共用的方式，借用储物柜门片，省去另外规划门扇轨道的空间与预算。

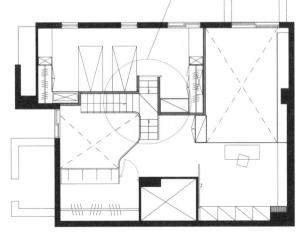

夹层

平 面 图 破 解

楼梯位置

文 / 黄婉贞　空间设计及图片提供 / 明代设计

问题	楼梯位置靠边，起居室怎么摆都不对劲

破解	**楼梯移至住宅中央，起居间与书房位于同一直线，欣赏大开窗景致**

四楼与挑高夹层供业主全家人休闲使用。四楼规划为起居间及开放式书房，拥有挑高达5米以上的大面落地窗及充足的光线，在落地窗外规划了一个有小型水瀑墙的庭园，让起居间沙发区不仅能够拥抱户外的优雅湖景，还能在白天以人造水流增加室内清凉感，而夜晚的水池搭配灯光也别有一番景致。

室内面积：**82.59 平方米** | 原始格局：**开放隔间、1卫浴** | 规划后格局：**起居间、开放式书房、和室** | 居住成员：**夫妻、1子**

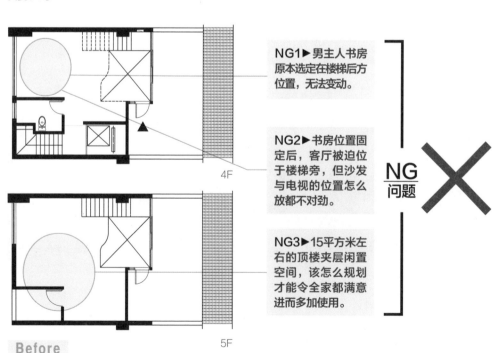

NG1▶男主人书房原本选定在楼梯后方位置，无法变动。

NG2▶书房位置固定后，客厅被迫位于楼梯旁，但沙发与电视的位置怎么放都不对劲。

NG3▶15平方米左右的顶楼夹层闲置空间，该怎么规划才能令全家都满意进而多加使用。

NG问题 ✕

4F

5F

Before

OK
破解

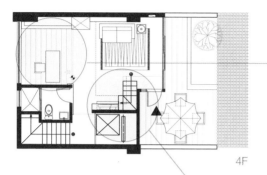

4F

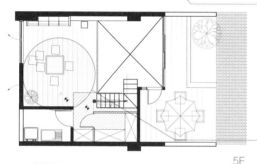

After

5F

楼梯位移后，
仍然保存书房的地理优势

OK1▶ 男主人选定书房位置有两大原因：一是位于主动线外，安静不受打扰；二是能远眺湖景。楼梯位移后，这两项优点依旧存在。

楼梯置中，书房、起居间
共享美景

OK2▶ 将楼梯位移至四楼的中间，此举非但不浪费空间，反而让四楼的书房与起居间处于同一直线上，刚好对应建筑物的5米开窗位置，令两个空间共享绝佳景致。

星空天窗做"诱饵"，
顶楼变舒适休憩区

OK3▶ 利用可赏星空的格栅天窗，打造可随意坐卧的舒适和室，吸引全家人上来休憩、玩耍。

PLUS
设计百科

适当的高度、宽度，使上下楼梯更轻松

楼梯踏阶若符合人体工学设计，走起来会比较轻松，如踏阶最合适的高度是 H=18 厘米（±2 厘米）；最合适的踏面深度则为 28 厘米（±2 厘米），约为一个脚掌的长度。侧面观察室内楼梯，有时踏板与立面部分并非成直角，而呈微微的 Z 字形，是因为人在抬脚时并非直上直下，而是有点后拉倾斜，所以顺应做出内切几厘米的斜角，不但不会踢到阶梯内侧，反而能争取更多空间。

平 面 图 破 解

高度不足

文／黄婉贞　空间设计及图片提供／瓦悦设计

| 问题 | 楼高3米却要"生"出小夹层做女儿房 |

| 破解 | **结合木作柜体，上下"借"空间，成功划分出第二间房** |

住宅总共26.43平方米，要住夫妻俩加上一个读研究生的女儿，但因为预算有限，真正装修的部分只有寝区、客餐厅约16平方米。楼高3米，高度不足难以做完整夹层，但又必须给已经长大的女儿一个完全私密的睡寝、阅读空间，最好还能兼具收纳功能！当面积有限时就要"锱铢必较"，设计师巧妙借取衣柜上端的空间高度，辟出可供女儿站立的170厘米睡寝区，为楼层创造第二房格局。

室内面积：**26.43平方米** | 原始格局：**1房1厅1卫** | 规划后格局：**2房1厅1卫** | 居住成员：**夫妻、1女**

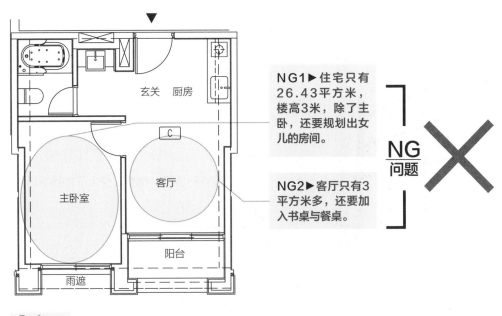

NG1▶住宅只有26.43平方米，楼高3米，除了主卧，还要规划出女儿的房间。

NG2▶客厅只有3平方米多，还要加入书桌与餐桌。

NG问题 ✕

玄关　厨房

客厅

C

主卧室

阳台

雨遮

Before

OK
破解

善用衣柜上端高度放置床铺

OK1► 由于楼高3米并非挑高，所以将上方寝区与木作柜体结合，配合女儿身高150厘米，利用约170厘米空间配置床与简易书桌、衣柜，下方则作为主卧衣柜。

餐桌内嵌柜体，整合书桌功能

OK2► 客厅大约只有4平方米，摆下沙发后，怎么看都不可能塞进其他大家具！因此便与寝区柜体结合，将餐桌内嵌其中，要用时再拉出来，超省空间。

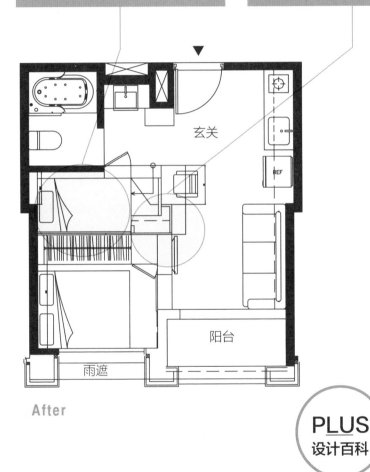

玄关

REF

阳台

雨遮

After

PLUS
设计百科

可掀式书桌＋台阶成为女儿读书的私人角落

由于担心业主女儿在家读书受干扰，设计师另外在通往上方寝区的楼梯旁，设置了可掀式小书桌，踏板下方更暗藏收纳空间，让柜体每一处都利用得淋漓尽致、平效满分。

平 面 图 破 解

高度不足

文／许嘉芬　空间设计及图片提供／馥阁设计

问题	挑高仅有3.4米，却需要两房

破解	**缩小主卧放大客厅，并增设夹层，让一房变两房**

挑高3.4米只有33.04平方米大的二手房，原业主只隔了一房，而且也没有做夹层，因为家人偶尔会前来同住，至少需要两房才够用。为了满足业主的两房需求，设计师将空间重整，缩小主卧空间，放大客厅，采用开放式设计只以家具界定空间，并用清玻璃作为客厅与主卧的隔断。另一房则增设夹层，依照业主母亲身高，设定为160厘米，楼梯规划于浴室与主卧之间，并以落地铁件烤漆拉门串联电视柜，柜内含不规则层架收纳。

室内面积：**42.95 平方米** | 原始格局：**1房2厅** | 规划后格局：**下层：客厅、厨房、开放式书房、主卧、浴室；夹层：通铺** | 居住成员：**1人**

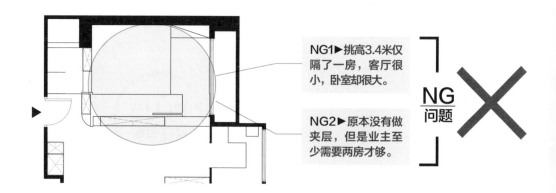

NG1▶挑高3.4米仅隔了一房，客厅很小，卧室却很大。

NG2▶原本没有做夹层，但是业主至少需要两房才够。

NG 问题 ✕

Before

OK
破解

扩大客厅并用家具界定空间

OK1▶ 原格局客厅太小，卧室反而太大，设计师将隔断拆除，重新分配空间，并将长形客厅进行切割，通过沙发、工作桌等家具配置，界定出不同的使用区域，再加上刻意保留既有挑高，让空间更开阔。

缩小主卧并采用玻璃隔间

OK2▶ 原主卧有个大衣橱非常占空间，设计师将衣橱及隔断墙拆除，缩小主卧空间，并采用清玻璃隔断，光线得以穿透，使空间产生放大效果。

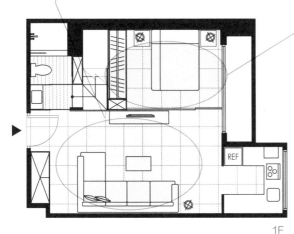

1F

拉门整合动线及功能

OK3▶ 为了增加一房，设计师利用3.4米的高度，将房间规划于夹层上方，并将楼梯设置在浴室及主卧之间，用铁制拉门串联电视墙，使其隐身在电视墙后方。

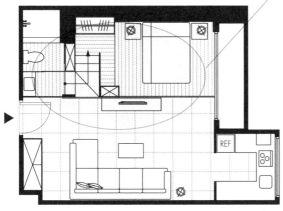

After

夹层

PLUS
设计百科

隐含丰富功能的楼梯间

利用夹层的楼梯设计抽屉式收纳空间，刻意下降的踏阶，使得空间没有压迫感。侧面展示柜上方成为次卧的电视墙，下半部则是楼下卫浴的收纳柜。

平 面 图 破 解

高度不足

文／许嘉芬　空间设计及图片提供／齐禾设计

问题	挑高3.6米，想要两房还要有更衣间

破解	## 错层设计增设主卧与更衣间，增加舒适性，化解压迫感

这户小住宅原始挑高约为3.6米，除了浴室没有任何隔间。为了避免夹层支柱破坏美观，设计师改以左、右侧墙来受力承重，并借由错层设计争取上下楼层的站立空间，大幅降低了夹层给人的压迫感。靠近楼梯的梁下30厘米处，用悬空的收纳柜来满足梳妆台与收纳需求，并增设书桌作为多功能空间。通过胡桐木皮与轻巧线条的串联，客厅区和夹层及书房、楼梯区，便这样自然地融合在一起。

室内面积：**28.41平方米**｜原始格局：**厨房、浴室**｜规划后格局：**下层：客厅、玄关、书房区、卫浴、楼梯；夹层：主卧、更衣间**｜居住成员：**1人**

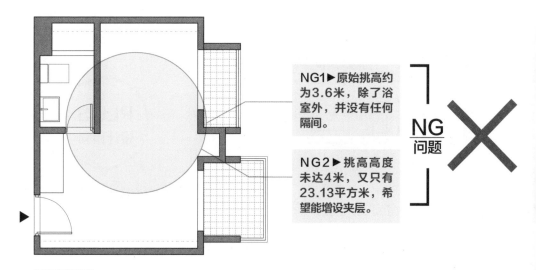

NG1▶原始挑高约为3.6米，除了浴室外，并没有任何隔间。

NG2▶挑高高度未达4米，又只有23.13平方米，希望能增设夹层。

NG 问题 ✕

Before

OK
破解

错层手法增设了书房空间

OK1▶书房有一堵顺应夹层走道下降的木墙，木墙镂空处可当书架使用，靠楼梯侧又因无屏障而能维持上下交流，使画面简洁跃动。

高低段差让夹层更好用

OK2▶夹层利用三段不同的高低差来做区域分界，争取站立空间，更衣间可站立使用，睡寝区高度则略低，且更衣间使用旋转衣架提高收纳效能，玻璃门片的设置除可通风外也具有望台意象。

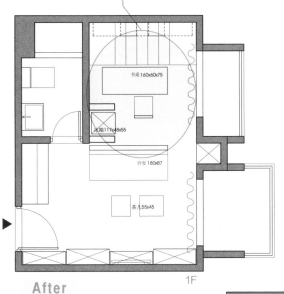

书桌160x60x75

水箱117x48x55

沙发180x87

茶几55x45

After 1F

PLUS
设计百科

"三明治修饰法"轻化夹层

夹层侧边用胡桐木夹明镜及玻璃隔断减少压迫感、增加空间通透性。两扇采光窗中央原有一结构凹槽，加装门片后变身高柜兼具收纳功能。

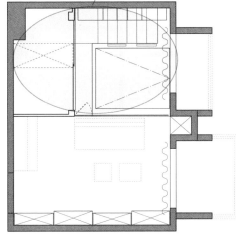

夹层

平 面 图 破 解

错层结构高低落差

文／许嘉芬　空间设计及图片提供／基础设计中心

问题	**公私区域落差60厘米**
破解	**转折楼梯制造落差打造工作室，夹层增设卧室增加居住功能**

只有49.56平方米的错层挑高空间，要如何满足夫妻俩现在的需求，以及未来有小孩后的居住功能，又同时保有顺畅的动线与穿透感？设计师将客厅与卧室间的隔断墙拆除，改用柜体及玻璃隔断，同时也调整了入门的位置，让出空间使浴室可以再扩大，而客厅特意不做电视柜，改以电视立柱让空间更显开阔。另一房则拆除，连接高度落差规划转折楼梯，连接开放式工作室，而夹层上方则增设工作室，其日后可转作儿童房使用，而通往夹层的楼梯则连接餐桌一体成型，充分利用空间。

室内面积：**59.47 平方米**｜原始格局：**1 房 2 厅**｜规划后格局：**2 房 2 厅、工作室**｜居住成员：**夫妻**

NG1▶ 房子本身属于错层结构，客厅、餐厅及厨房的高度与两间卧室及浴室落差60厘米，所以虽是挑高却又不好利用。

NG2▶ 其中一房太小，浴室空间也不足，无法再增设工作室。

NG问题 ✕

Before

OK
破解

拆除隔断变身开放式工作室及楼梯

OK1▶ 将主卧旁的小隔断拆除，设计师规划了开放式工作室及通往夹层的楼梯，主卧调整了门的位置，浴室面积加大了并以烤漆玻璃作为隔断。

大理石餐桌也是踏面、书桌

OK2▶ 串联楼层的多用途大理石，从餐桌台面到楼梯踏阶，转个弯变成了夹层工作区空间中的书桌，运用相同材质、不同功能的设计，串联起楼层间的动线。

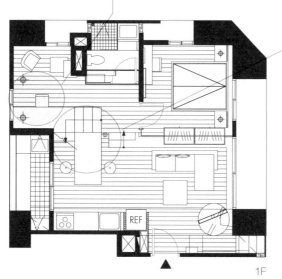

1F

利用楼高落差增设夹层

OK3▶ 原本是单纯的挑高空间，为了赋予它更多的使用效能，于是加做了夹层增加使用空间。

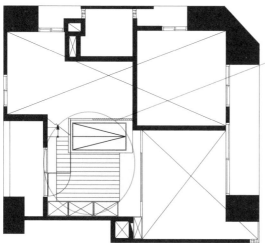

After 　　　　　　　　　夹层

PLUS
设计百科

柜体加玻璃隔断

将客厅与主卧的隔断墙拆除，设计师以柜体连接玻璃作为隔断，不仅可以维持空间的通透性，柜体还可以当作主卧衣橱使用，同时调整卧室入门位置，让浴室得以扩展。

平 面 图 破 解

错层结构高低落差

文／许嘉芬　空间设计及图片提供／力口建筑

问题	挑高小屋存在62厘米的地面落差

破解	善用落差区隔公私区域，并运用复合手法打造出丰富功能

这间小套房的原始屋况很特别，空间区分为两种高度，一进门先是和一般房子无异的2.8米高度，往里走竟有挑高4米的结构，高度的差异加上面积的限制（原来仅有21.47平方米），如何创造出业主需要的2房2厅是一大挑战。于是，设计师以高度将空间一分为二，2.8米的区域设有客厅、厨房，厨房以掀板台面增加餐桌、料理功能，4米空间则有主卧室、客房兼书房，并运用地面的落差特性，创造出整合鞋柜、矮柜、收纳柜、电器高柜的收纳柜墙。

室内面积：**37.99 平方米** | 原始格局：**1 房 2 厅** | 规划后格局：**1 房 2 厅、客房** | 居住成员：**夫妻**

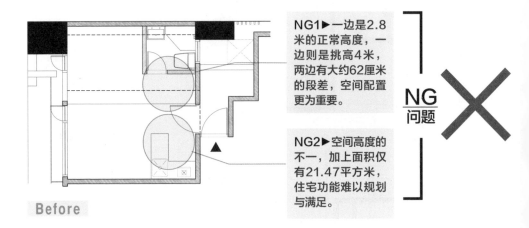

NG1▶ 一边是2.8米的正常高度，一边则是挑高4米，两边有大约62厘米的段差，空间配置更为重要。

NG 问题 ✕

NG2▶ 空间高度的不一，加上面积仅有21.47平方米，住宅功能难以规划与满足。

Before

OK
破解

整合各式收纳的柜体

OK1▶ 利用客厅和卧室的地面落差高度，创造出鞋柜、矮柜、电器柜以及大容量冰箱的收纳空间，其中矮柜也结合座椅功能，且搭配镂空、玻璃材质，让空间之间有所穿透。

主卧阶梯兼具收纳功能

OK2▶ 往内至主卧室因高度关系，设有大约6阶的楼梯高度，设计师充分运用阶梯的深度，让每一个阶梯成为能够打开运用的小收纳柜，为小面积住宅创造意想不到的功能。

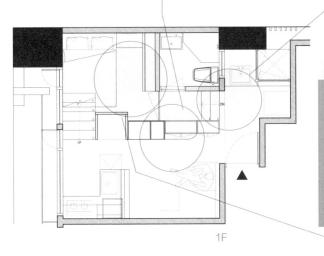

1F

用高度区隔公私区域

OK3▶ 拆除挑高区和玄关的隔断墙，并设置踏阶，进门后往里走下去就是卧室，原来的厨房则往内挪移，将前端规划为客厅，空间自然而然地划分出公私区域。挑高4米上端亦有可"站立"的书房供使用。

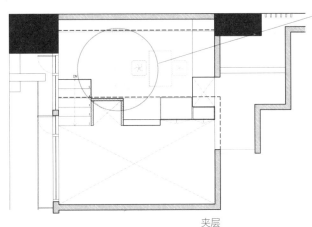

夹层

After

PLUS
设计百科

玻璃铁件楼梯轻盈明亮

通往夹层的楼梯安排在房子最底端，打造出最为宽敞的公私区域，楼梯材质以玻璃和白色铁件打造，让量体更为轻盈，也令空间清透明亮。

平 面 图 破 解

开门见卫浴

文／郑雅分　空间设计及图片提供／将作设计

问题	开门即见卫浴，且形成走道浪费
破解	**卫浴移至夹层，让一楼公共空间更完整**

这是个标准的挑高夹层屋，本身格局狭长，加上从玄关进入屋内后，左侧就是开发商规划的卫浴区，因此形成长走道的浪费，也让一楼空间更显狭小。除了空间利用率不佳，由于两间卧室都规划于夹层，半夜若起来上厕所还要上下楼梯，既不方便也不安全，因此设计师建议将浴室移至楼上，提升使用的便利性与空间的完整性。

室内面积：**35.35 平方米**│原始格局：**1 房 2 厅**│规划后格局：**2 房 2 厅**│居住成员：**夫妻**

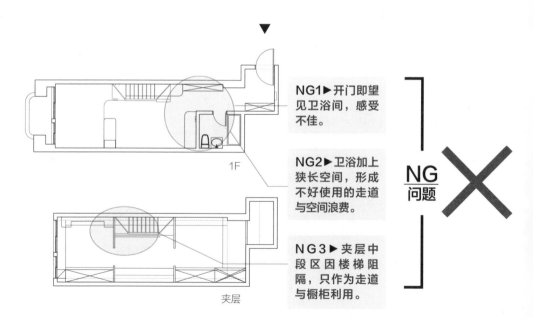

NG1▶开门即望见卫浴间，感受不佳。

1F

NG2▶卫浴加上狭长空间，形成不好使用的走道与空间浪费。

夹层

NG3▶夹层中段区因楼梯阻隔，只作为走道与橱柜利用。

NG 问题 ✕

Before

OK
破解

客、餐厅之间增设工作书房区

OK1▶ 客厅右移与玄关串联后，一楼的中段便多出一片空间，不过这边因有楼梯阻挡，面宽较窄，所以将其规划为工作书房区，而开放式的厨房则加设吧台餐桌区，让原本只能在客厅用餐的业主有更舒适的用餐空间。

卫浴移至夹层，争取更大的起居空间

OK2▶ 将挡在入口区的卫浴间移走后，除了可消除入口狭隘的不舒适感，也解决了走道问题。同时将此处规划为客厅，让玄关与起居区可以有更好的串联，而原本客厅因为楼梯导致电视机观赏距离不足的问题也迎刃而解。

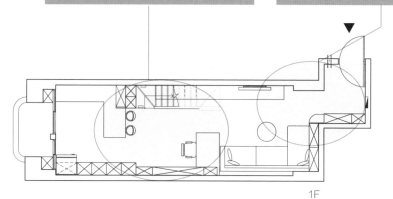

1F

After

夹层

PLUS
设计百科

浴室承重需经计算

一般夹层屋多半将卫浴设置于楼下，但是卧室却大都设在楼上，这样的设计在实际使用上常造成困扰，因此设计师提醒业主要考虑到，浴室的主要使用者是业主而非客人，因此放置于楼上更为适合。另外，也不用担心夹层承重问题，这些专业设计师都会加以计算考量。

卫浴巧设轻隔断，避免走道狭隘感

OK3▶ 卫浴间移至楼上走道区既可更方便业主夜间使用，而且特别将台面开放在走道区一侧，而淋浴间与马桶则分别独立隔在另一侧，让洗澡、上厕所与洗脸等功能都可单独使用，而玻璃轻隔断的设计也不至于让走道有狭窄感。

实例破解

01

空间壅塞没有多余房间，但又希望有独立的书房

妈妈要下厨时能随时监控两兄弟

文／黄婉贞
空间设计及图片提供／明代设计

好格局清单

- ◉ **平效：** 二楼挑高夹层区增建书房，使用面积增加，还多一房。
- ◯ **动线：**
- ◉ **采光：** 新书房位于客厅上方，除了自有开窗，一旁还有6米高落地窗。
- ◉ **功能：** 增建夹层，满足孩子读书需求。

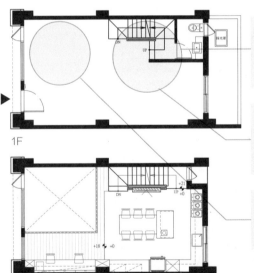

1F

夹层

Before

NG1▶ 住宅皆"客"满，需要挤出两个儿子读书的空间，附带条件是妈妈随时能监控。

NG2▶ 若单纯将一楼的起居室架高，将会与楼梯相邻处有一块落差，很碍眼。

NG3▶ 撷取客厅的一块挑高空间，客厅电视墙会变得有压迫感。

NG 问题 ✕

格局VS设计师思考

兼顾小孩安全与空间合理性　单层49.56平方米的住宅要住四个成员，其实能用面积并没有想象中的宽裕，因此在其他楼层皆"客"满的状态下，还得兼顾小朋友的安全——父母随时能看得见，增设二楼夹层似乎变得势在必行。

OK
破解

根据使用频率决定空间高度

OK1▶ 书房下方为客厅电视墙处，同时也是进门的过道区，高度需要较高，所以定为280厘米；上方书房区多为坐着使用，则定为260厘米。

架高地面拉齐楼梯踏阶，视觉更延伸

OK2▶ 架高区直接从起居间延伸至楼梯第一阶，拉齐第一阶高度20厘米，达到延伸整体视线的效果。

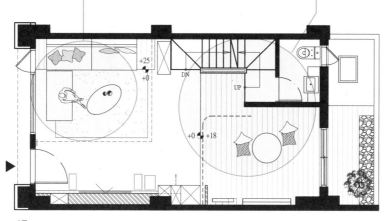

1F

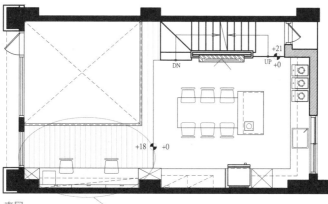

夹层

After

延伸夹层，创造两兄弟专用书房

OK3▶ 延伸餐厨夹层区块，在客厅上方增设开放式的长形双人用书房区。

改造关键点

1. 选择客厅电视墙上方作为书房夹层空间，因其与二楼厨房、餐厅相邻，栅栏镂空设计让一楼也看得到，父母都安心。
2. 选择合适的楼层高度比例，上下层都无压迫感是设计关键。

[设 计]

[风 格]

一、二层的挑高处有6米，为了保留大气的落地窗景，只撷取电视墙上方的长形区域，作为开放式的双人读书区。这样一来，不仅在餐厨区可以看得见，透过镂空的栅栏，在一楼的沙发区也能监控，是使父母感到安心的好位置。值得注意的是，书房区的下方除了是客厅电视墙外，同时也是大门入口的过道处，所以要小心不能太低造成入门时的压迫感，因此设计师在高度比例上做微调，让下方略高于夹层区。

PLUS
立面设计思考

1 原木风格搭配白色主调打造北欧风情 ｜ 公共空间采用白色主调，配衬木质与浅藕色，在挑高空间下落地窗引入良好采光，打造北欧休闲风情。

2 一楼区域以高低落差与布帘做分界 ｜ 一楼内侧区域为休憩和室，与客厅交接处的天花板设置活动轨道，运用布帘作为休憩区与客厅的空间界线；壁面设置充满转折线条感的铁件书架，与温润木地板构成冲突美感。

[采 光]

① 北欧休闲风情客厅以白色为基调，配衬沙发背景墙上镶嵌的烟火般的放射状壁饰，成为住宅聚集能量的中心标志。

② 住宅挑高达 6 米，可轻松切出 280 厘米、260 厘米的上下层高度，两区都很有余裕，不会因增建夹层产生压迫感。

③ 二楼餐厨区是全家人的活动核心，夫妻俩能在这里与孩子一同共享晚餐、聊聊学校趣事。

④ 书房区刚好与大门上方开窗相邻，亦能分享镂空区的 6 米落地大开窗光源，自然光线非常充足。

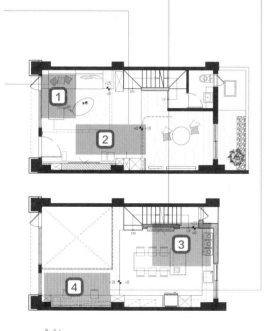

After

室内面积: 82.59 平方米 | 原始格局: **开放厅区、厨房** | 规划后格局: **客厅、起居间、厨房、餐厅、书房** | 使用建材: **柚木、橡木、橡木木饰板、烟熏橡木、铁件、染色铁刀木、石材、皮革**

3 **夹层扩建较有弹性** | 相对于固定楼层，夹层使用上更加有弹性。但是在增设面积上也不是越大越好，像在这个案子中，增建处是沿着内侧墙面，保留 6 米开窗的镂空沙发区，才能兼具实用与美观。

4 **够高才能考虑增建** | 住宅因为挑高达 6 米，先天条件就比较有优势，所以可以切出 280 厘米、260 厘米的上下层高度，而不会影响下方过道产生压迫感。

2

早期连栋式住宅常会出现长形屋，在格局及动线规划上都是道难题，此类空间多半是因为受限于建筑物外形，大部分都会存在仅有前后采光，中段因而显得昏暗的状况，一字形的房间格局规划，衍生出动线过长、空气对流不足及视线受到阻碍等问题，居住的舒适度会因此而大打折扣。

长形屋

格局专家咨询
团队

长形屋的4大格局
剖　　　　析

1　仅前后采光，中间好阴暗

长形屋的开窗多半就是前、后，因屋型狭长的关系，光线无法到达中间，且中间区域又经常设置为卧室，室内难以引入自然光源与窗景，同时在通风气流的规划上也容易因为隔断墙而受到阻碍。（详见042页、044页、046页、048页）

2　公共区域各在前、后两端，走动距离长

厨房、客餐厅等公共空间是使用最频繁的区域，然而许多长形屋却将客厅分配在前端，厨房、餐厅反而分配到最后端，使用上相当不便。（详见054页）

3　冗长走道，空间感好压迫

许多长形屋为了串联规划于后段的各房间，而不得不设置长走道，形成动线过长与空间浪费的问题，同时也会连带造成长走道的采光问题。（详见038页、040页）

4　多楼层长形屋，楼梯动线让室内更狭长

有些两层楼或独栋的长形屋常常要同时面对屋型与楼梯两大格局问题，好的设计可以利用楼梯来避开室内过于狭长的问题，但若处置不当也可能让问题加重。（详见060页）

谭淑静
禾筑设计

擅长老屋翻新，每个老屋的难解问题对她而言是小菜一碟，总能给业主耳目一新的感觉。

李智翔
水相设计

屡获室内设计大奖，蕴含强大的设计能量，重视光影与立面、材质的变化，持续的创新让每一次设计都让人惊叹。

张成一
将作空间设计

具有建筑师背景，不受制式格局的局限，总能给予崭新的格局动线思考，因此变更后的配置皆能令人眼前一亮。

沈志忠
建构线设计

多次拿下室内设计大奖 TID Award 与国际知名奖项，认为设计是建立在使用者对话、讨论生活琐事的基础上的，透过使用者的文化背景进行整合。

平 面 图 破 解

走道冗长阴暗

文／陈佳歆　空间设计及图片提供／基础设计中心

问题	制式格局造成空间面积浪费，形成阴暗角落及廊道
破解	移除不必要次卧将公共空间放到最大，调整主卧增加更衣空间

窗外风景正好落在绿带树梢，但原始制式的4房格局不但使空间显得狭隘，也限制了业主所期待的生活形态。由于男女主人在家工作需求高，待在家中的时间也较长，因此空间朝向舒适开放、简单实用的方向规划，移除原有一间次卧将客餐厅及书房采用开放式设计，提升玄关、客餐厅及书房的完整性与通透感。主卧合并一间房间将其作为更衣空间使用，同时能将睡床位置调整至较能避开噪声的区域。通过隔间的调整使整体在功能与视觉上均能消弭走道，以提升使用效果。

室内面积：**109.02 平方米**｜原始格局：**4 房 2 厅**｜规划后格局：**2 房 1 厅**｜居住成员：**夫妻、1 子、1 女**

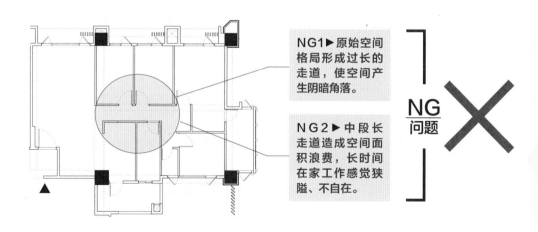

NG1▶ 原始空间格局形成过长的走道，使空间产生阴暗角落。

NG2▶ 中段长走道造成空间面积浪费，长时间在家工作感觉狭隘、不自在。

NG 问题 ✕

Before

OK
破解

移除部分次卧提升公共区域通透感

OK1▶ 业主有在家工作的需求，因此空间以实用性来考量，选择移除原有紧邻客厅的多余次卧，将公共空间开放感放到最大，餐桌同时能作为工作桌使用，并增加窗边平台创造空间运用的弹性。

整合底端卧室隔间消弭廊道

OK2▶ 由于居住成员简单，只有2房需求，廊道底端2间卧室合并为一间大主卧，大幅缩短廊道移动的距离，将其中一间规划为更衣空间使用，同时将睡床位置挪移远离窗边，较能避开街道上吵杂的噪声，达到寝居安静休憩的目的。

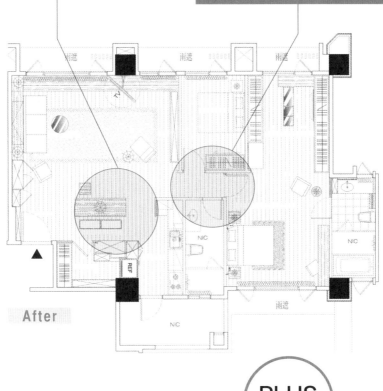

After

PLUS
设计百科

运用材质及色彩转换空间

面积不大的空间利用材质与色彩就能轻易区隔公私区域并创造层次，在公共区域局部立面刷上能呈现空间调性的颜色，再利用柜体材质做整体搭配，以达到空间的一致性。

平 面 图 破 解

走道冗长阴暗

文 / 陈佳歆、许嘉芬　空间设计及图片提供 / 邑舍室内设计

问题	狭长屋型中段采光不佳，厨房也好阴暗
破解	调整空间配比，拉门与镜面带来光线的提升与反射

屋型狭长，空间采光不足，更有无窗户的暗房，考虑到居住人口数量，因此设计师大刀阔斧地将3房改为一房，规划符合休憩目的的主卧面积，厨房也整个从角落移出，加上不论是公、私区域或是主卧室皆采取拉门形式，平常维持门片的开阔，光线能恣意穿梭，厨房壁面也大面积运用镜面不锈钢材质让光线折射，彻底改善老屋的采光困扰。

室内面积：**82.59 平方米** | 原始格局：**3 房 2 厅** | 规划后格局：**1 房 2 厅** | 居住成员：**1 人**

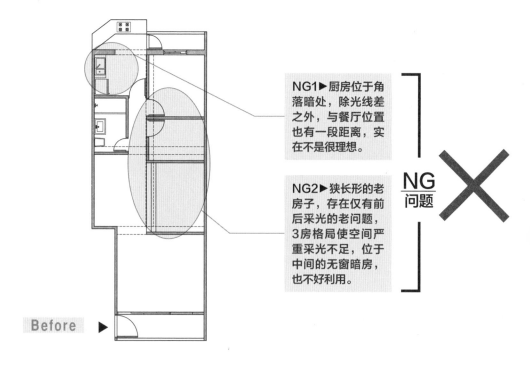

NG1▶厨房位于角落暗处，除光线差之外，与餐厅位置也有一段距离，实在不是很理想。

NG2▶狭长形的老房子，存在仅有前后采光的老问题，3房格局使空间严重采光不足，位于中间的无窗暗房，也不好利用。

NG
问题 ✕

Before ▶

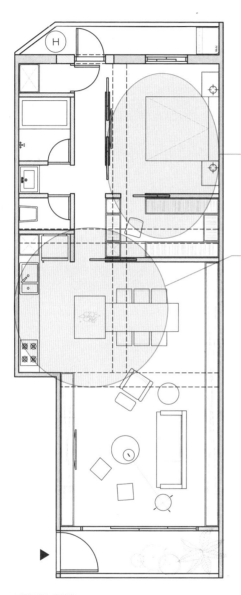

After

OK
破解

两房变大主卧，双拉门带来采光

OK1▶ 重新规划为一间大主卧，双拉门设计可引入来自后端的光线，也创造出自由无拘的行走动线，而更衣室的镜面拉门亦有提升明亮感与放大空间的效果。

厨房外移＋镜面不锈钢

OK2▶ 将厨房移往客、餐厅构成多元的公共区域，并采用镜面不锈钢材质，借用反射效果，消弭转角凹处可能产生的阴暗感。

PLUS
设计百科

玻璃、镜面延伸空间感

利用微透光的玻璃拉门区分公私区域，主卧空间和卫浴分别在廊道左右，主卧更衣间同样运用镜面拉门，产生延伸空间视觉的作用。

平 面 图 破 解

单面采光

文 / 郑雅分　空间设计及图片提供 / 将作设计

问题	厨房加上门墙切碎空间感，房间好阴暗

破解	**厨房转方向，搭配活动隔断，转出好采光与大空间**

狭长屋型因餐厨空间占据房子中段，后段房间门墙又关得紧紧的，使室内被切成三段，空间感只剩1／3，而且房间采光也不佳。另一方面，虽然这个房子屋高约有3米以上，但先前规划并未善加利用，让空间高度完全浪费。最后考虑到业主目前单身居住，希望回家能有更多娱乐功能，但原有设计却显单调，只能提供基本休憩需求。

室内面积：**47.90 平方米** | 原始格局：**1 房 1 厅** | 规划后格局：**1 房 2 厅、储藏区** | 居住成员：**1 人**

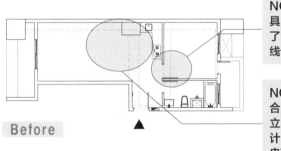

Before

NG1▶卧室门与厨具台面相连，切断了空间感，卧室光线也不佳。

NG2▶餐桌为了配合厨具只能倚墙而立，虽采用开放设计却又不易与客厅串联。

NG 问题 ✕

OK
破解

餐桌改以吧台设计，与客厅连接	将厨房转向，阻隔变成串联
OK1▶ 随着厨房转向，规划与厨房平行的吧台，除了满足单身业主喜欢邀朋友至家中聚会的娱乐生活外，厨房与客厅的连接与动线也更顺畅，最重要的是一入门就感觉很有时尚感。	**OK2▶** 原被利用为卧室隔间墙的厨房做90度转向，并改以折叠门设计，让房间与餐厨区、客厅间没有阻隔，且可自由串联，无论是空间感或采光都变得更好了。

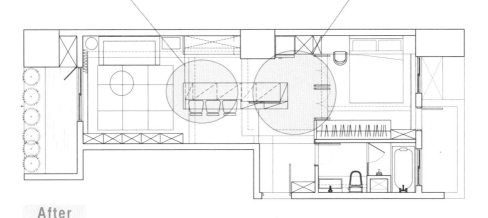

After ▲

PLUS
设计百科

卧室折叠门设计更灵活

业主单身居住，平日不用特别将卧室门关上，更不需要用墙阻碍光线与空间感，因此，可利用折叠门取代，平日让门敞开，需要时再关门独立隔间；此设计也使衣橱可顺利延伸至原本的卧室门处。

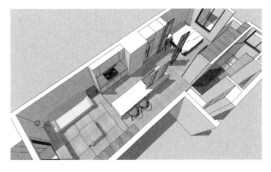

平 面 图 破 解

单面采光

文／黄婉贞　空间设计及图片提供／虫点子创意设计

问题	主卧太小又紧邻厨房，阴暗与油烟挥之不去
破解	**厨房内迁，主卧往两侧延伸，同时扩增窗户面积，变身明亮宽敞寝区**

一间39.65平方米的小套房，超过30年屋龄，昏暗、漏水、格局问题都令人头大。屋型呈长形，珍贵的对外窗却设计成一字形厨房，紧接着才是主卧，厨房阻隔了大部分光源，主卧狭小阴暗之余，还得接受烹饪时的油烟考验！此外窗台太高，光线根本透不进来，更别提想优雅地坐着欣赏外面的景致了。

室内面积：**39.65 平方米**｜原始格局：**1 房 2 厅 1 卫**｜规划后格局：**1 房 2 厅 1 卫**｜居住成员：**单身男子**

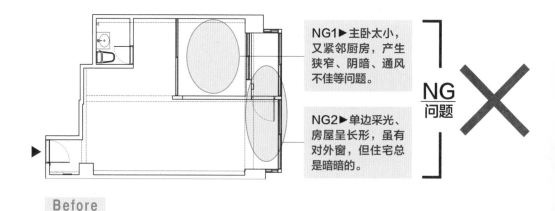

NG1▶主卧太小，又紧邻厨房，产生狭窄、阴暗、通风不佳等问题。

NG2▶单边采光、房屋呈长形，虽有对外窗，但住宅总是暗暗的。

NG 问题 ✕

Before

OK
破解

增设储藏室，大型杂物收纳没烦恼

OK1▶ 在不影响动线与杂物收纳的两相权衡下，不仅在主卧旁增设储藏室，供放置大型杂物之外，同时将收纳柜、展示层板、鞋柜都统一规划在电视墙一侧，提升收纳功能又令住宅显得干净清爽。

将主卧往两旁延伸，睡寝区变得宽敞明亮

OK2▶ 把厨房迁至房子内侧，原本位置纳入主卧空间，并将另一边墙面再外移，令主卧两边延伸，变得又大又明亮。

After

拉低过高窗台，扩增窗户面积提高亮度

OK3▶ 降低原本过高的窗台，扩增窗户面积，有效提升映入室内的光源。此外在客厅窗边装设卧榻，让业主除享受阳光外，也能在这儿欣赏美景。

PLUS
设计百科

造型立面降低大梁存在感

房子中央有一根大梁，但设计师并没有特别将其隐藏起来，而是使用沙发背墙、隐藏门、酒柜、冰箱结合成一道立面与之平行，用视觉转移的方式，降低梁本身的存在感。此外，沙发背墙与隐形门兼保留一道透光的毛玻璃接面，让主卧的对外窗光源能照射至餐厨区。

平 面 图 破 解

仅前后采光

文／黄婉贞　空间设计及图片提供／沈志忠联合设计、建构线设计

问题	狭长"楼中楼"只有两端有对外窗
破解	善用原有建筑物的天井，装上强化玻璃，天棚变身主要采光源

"楼中楼"住宅主要作为业主为上大学子女所准备的住所，狭长屋形光是采光就有很大问题，阴暗、老旧又漏水！父母偶尔才会过来探望。由于平常不住在一起的关系，格外担心刚好身处高中升大学的人生变动期的兄妹二人个性不同，因住得太近容易产生摩擦、吵架，还怕没有节制地使用电脑等。

室内面积: **142.06平方米** | 原始格局: **3房、开放厅区** | 规划后格局: **3房2厅、电脑阅读区** | 居住成员: **夫妻、1子、1女**

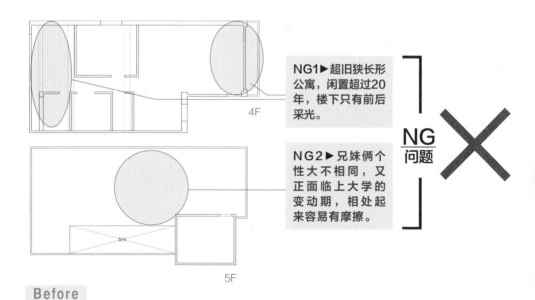

NG1▶超旧狭长形公寓，闲置超过20年，楼下只有前后采光。

NG2▶兄妹俩个性大不相同，又正面临上大学的变动期，相处起来容易有摩擦。

NG 问题 ✕

4F

5F

Before

OK
破解

开放式电脑书房区，避免孩子沉迷网络

OK1▶ 将共用的电脑书房区与楼梯做整合，开放方式让全家只有需要时才到这儿上网、阅读，降低父母担心的沉迷网络的概率。

兄妹房间设置于长形屋两端，保障各自隐私

OK2▶ 为了使二人拥有自己的生活区域，将卧室分别规划在住宅楼下空间的两侧，拉开一些距离；中央厅区属于平时共同的活动空间，要是有朋友来，也能在这里招待他们。

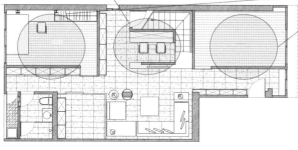

4F

天井作为主要采光源，解决中段阴暗问题

OK3▶ 拆除后才发现楼下有个小小的天井，便把建筑原本的天井以强化玻璃打造成天棚，使其成为主要采光来源，将自然光引入空间。保留原本两端的旧窗户，维持通风效果。

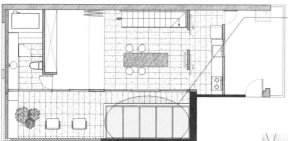

5F

After

PLUS
设计百科

虚实隔间，提升空间张力

设计师采用虚实的转换，搭配 Clean Cut 手法，整合空间内的水平线、垂直线，用以提升空间的张力、扩增厅区的空间感。男孩房、女孩房等较私密的空间，以实际隔间界定；而公共区域如客厅、书房，则在挑高天井、阳光的照射下，以虚空间呈现。

平 面 图 破 解

仅前后采光

文／黄婉贞　空间设计及图片提供／虫点子创意设计

问题	采光面在隔间的包围之下，中间好阴暗
破解	**拆除隔间，降低窗台，加大窗户面积，光线蔓延入室**

30年屋龄的82.59平方米的老房子，随着孩子长大开始有了不敷使用的感觉。原本的大三房格局占据一半住宅面积，但平常不会长时间待在房间，使用效能不彰。只有一间浴室也使得一家三口生活上相当不方便。加上在实墙的包围下，餐厅只能小小的、还得占据走道空间；客厅则是采光不佳，需终日开灯。

室内面积：**79.29平方米**｜原始格局：**3房2厅1卫**｜规划后格局：**2房2厅2卫1书房**｜
居住成员：**夫妻、1子**

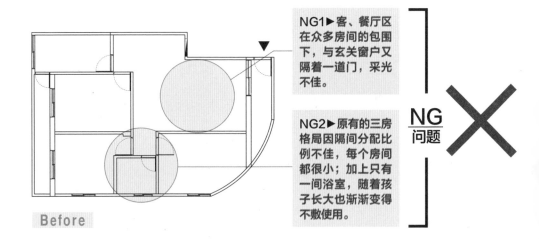

NG1▶客、餐厅区在众多房间的包围下，与玄关窗户又隔着一道门，采光不佳。

NG2▶原有的三房格局因隔间分配比例不佳，每个房间都很小；加上只有一间浴室，随着孩子长大也渐渐变得不敷使用。

NG 问题 ✕

Before

OK
破解

拆除所有格局，调整成合理的两房＋书房规划

OK1▶ 几乎将住宅原有格局全部拆除。把原本差不多大小的三个房间改为两房加一间书房，并调整成适当的比例，在中间增设一间卫浴以满足需求。

降低窗台、扩大窗户面积，大片采光入室

OK2▶ 拆除原本客厅与玄关之间门片与部分墙面，并使入口旁的窗台降低，扩大窗户面积，令大片自然光毫无阻碍地进入室内。

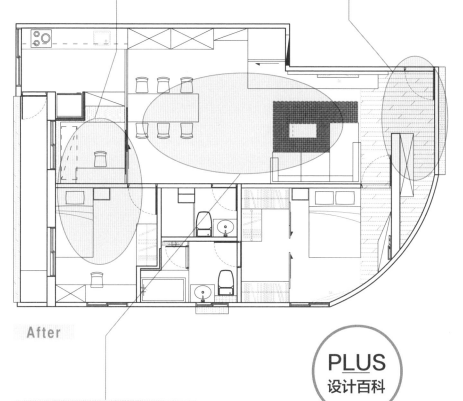

After

开放客、餐厅区，视觉开放扩大空间感

OK3▶ 调整了寝区空间的比例后，空间线条更加简练，不仅释放出足以放置六人大餐桌的位置，公共厅区采用开放式，视线得以穿透也间接放大空间感。

PLUS
设计百科

仿清水模带出自然人文感

业主偏好清水模材质，但在考量到楼板承重的问题后，设计师在电视墙、沙发背墙等处，大量采用仿清水模涂料，搭配木地板、天花板的钢刷梧桐木，打造质朴的人文性住宅。

平 面 图 破 解

中段是暗房

文／许嘉芬　空间设计及图片提供／方禾设计

问题	封闭隔间＋巷宽太狭窄，卧室、走道超阴暗
破解	**放宽走道，结合局部开窗与玻璃隔间，迎接舒适光线**

不到66平方米的长形老公寓，虽有来自前后的采光，然而前段采光面是仅20米的巷道，真正能接收的日光有限，且走道又非常狭窄，卧室无法开窗，让中间区域显得十分阴暗。设计师通过公、私区域的格局调整，并将走道与卧室位置互换，放宽后的走道正好能利用老公寓梯间结构产生开放性书房，且柜体不及顶、穿透隔间的运用，层层引光创造舒适与放大效果。

室内面积：**62.77 平方米** | 原始格局：**2 房 2 厅** | 规划后格局：**2 房 2 厅、储藏室** | 居住成员：**夫妻、1 子**

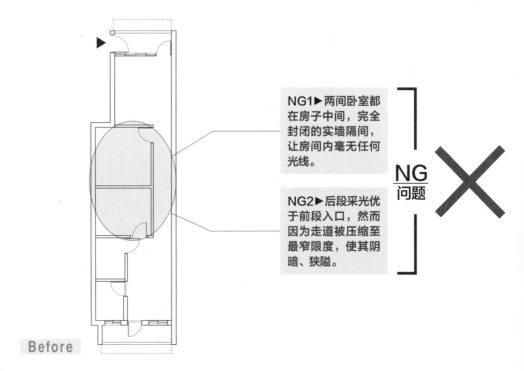

NG1▶ 两间卧室都在房子中间，完全封闭的实墙隔间，让房间内毫无任何光线。

NG2▶ 后段采光优于前段入口，然而因为走道被压缩至最窄限度，使其阴暗、狭隘。

NG问题 ✕

Before

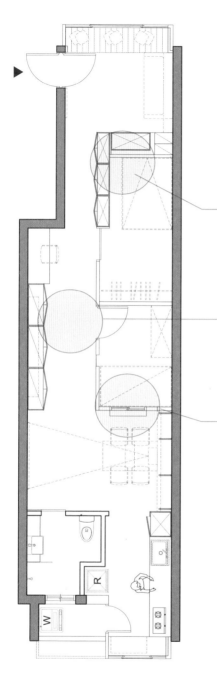

After

OK
破解

柜体不及顶，局部搭配玻璃隔间

OK1▶ 与前段阅读、起居区域相邻的主卧室，以柜体取代实墙隔间，既整合生活功能，柜体上端也刻意采用不及顶设计，加上床头后方的长形玻璃隔断，改善了主卧室的光照条件。

缩小卧室尺度，释放走道宽度

OK2▶ 将卧室与走道位置互换，并让卧室缩至最低尺度，走道变得更宽广，光线相比以前也更好。

老窗框再利用，多了互动与采光

OK3▶ 毗邻餐厨区的儿童房，运用保留下来的老窗框做隔间设计，引入后端厨房的好光线，加上选用绿色墙面，让房间清爽明亮许多。

PLUS
设计百科

运用丰富彩墙营造活泼氛围

长形公寓住宅运用许多色彩，一进门光线最明亮的地方是粉蓝，渲染出家的温暖，走至客厅则是抢眼的红色与黄色老窗框结合，浴室又是另一种土耳其蓝，通过光与颜色的转变，营造出多样且活泼的气氛。

平 面 图 破 解

中段是暗房

文 / 郑雅分　空间设计及图片提供 / 将作设计

问题	**单面采光形成暗房空间**
破解	**环状动线 + 开放书房，解救角落的阴暗房间**

略呈狭长形的空间，因只有单面采光，加上原本封闭的厨房、工作阳台，以及分列于走道两侧的房间格局，使得房屋有一半为阴暗面，同时走道的存在也让空间浪费的情况更显严重。另外，原本格局因没有规划玄关，使一入门便面对开放的客厅与落地门窗，在私密度与空间层次上也欠佳。

室内面积：**92.51 平方米**｜原始格局：**3 房 2 厅**｜规划后格局：**2 房 2 厅、书房、更衣间**｜居住成员：**夫妻 + 计划 1 小孩**

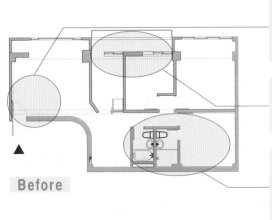

NG1▶无玄关设计，一入门便面对客厅，并直视落地窗。

NG2▶为配合工作阳台，遮住一半的采光面。

NG 问题

NG3▶狭长单面采光的屋型，加上传统卧室隔间阻挡自然光。

Before

OK
破解

客厅改作房间，加设高柜隔出玄关

OK1▶ 利用高柜在大门处隔出玄关区，并以柜体长度做定位，让出原客厅的一部分改作小房间，取代原有的阴暗房间，如此可避免大门直视落地窗的问题。

环状动线的客厅与书房，解放光线

OK2▶ 客厅被移至房屋中段区，与沙发背后的书房、餐厅串联做开放设计，加上不靠窗的家具摆设，呈现灵活的环状动线，同时延伸的窗台加做绿化设计，让光线与绿意可以自由进入室内。

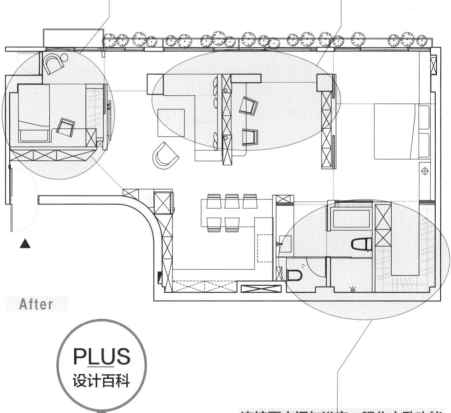

After

PLUS
设计百科

零走道规划，空间均分给各区使用

传统隔间墙不只容易让单向采光的格局产生暗房，同时也会增加走道空间，所以设计师就采取开放的格局规划，使走道化于无形融入各区内，不仅让空间在视觉上变大，实际可使用面积也变宽了。

连接更衣间与浴室，强化主卧功能

OK3▶ 原格局的套房空间小，又无对外窗，而大房间却无专用浴室，使用不方便。因此将原两房之间的隔间墙拆除，合并为有更衣间与浴室的完整主卧室，此外，卧室改采双拉门设计，使之与书房餐厅的动线联系更密切。

平 面 图 破 解

公共厅区占据前后两端

文／郑雅分　空间设计及图片提供／禾筑设计

问题	厨房位于屋子最角落，动线距离过长

破解	餐厨移至居家中心，串联互动引光景，更放大空间感

30多年的房屋因老旧加上窗户小，感觉一回到家就进入暗房，即使开放厨房有对外窗，但位处于边陲地带，与客厅及其他区域的互动与联系不佳，为了彻底改变现况，设计师重新思考业主需求与空间环境，让客厅与餐厅开放并移位至房子的前中段，再活用高低柜来定位玄关、客厅与餐厨空间，使厨房与客厅在视觉上可以串联外，也能引入更多光线。另外，镜面与玻璃的运用也能大幅提升空间光感，再搭配富有自然感的板岩、水泥与木地板等铺色则更有味道。

室内面积：**165.19 平方米**｜原始格局：**3 房 2 厅**｜规划后格局：**玄关、3 房 2 厅、书房**｜居住成员：**夫妻**

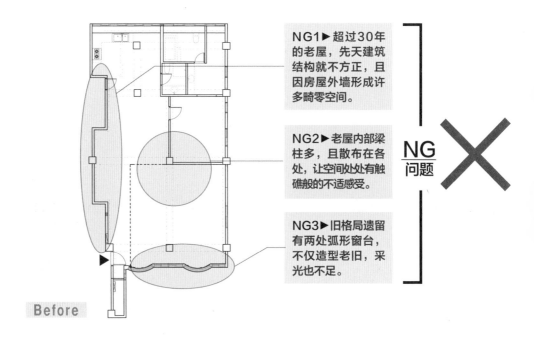

NG1▶超过30年的老屋，先天建筑结构就不方正，且因房屋外墙形成许多畸零空间。

NG2▶老屋内部梁柱多，且散布在各处，让空间处处有触礁般的不适感受。

NG3▶旧格局遗留有两处弧形窗台，不仅造型老旧，采光也不足。

NG 问题 ✕

Before

OK
破解

斜角串联延伸客餐厅的纵深

OK1▶ 了解业主对于家人互动性的重视，特别将餐厨空间与客厅做斜角串联，除了可让公共区产生超长纵深与良好互动性外，也将客厅珍贵的窗景带入餐厨区。

镜面材质虚化障碍柱体

OK2▶ 室内梁柱结构体无法消去，因此利用镜面包覆装饰，使之反射窗景与室内空间，让人忘记柱体的存在。

串联窗景放大空间感

OK3▶ 之前两扇不连串的弧形窗让空间显旧，也形成视觉阻碍，对此除了将窗台下降至离地70厘米的高度，串联的窗景更让空间有放大感，也带来充沛的日光。

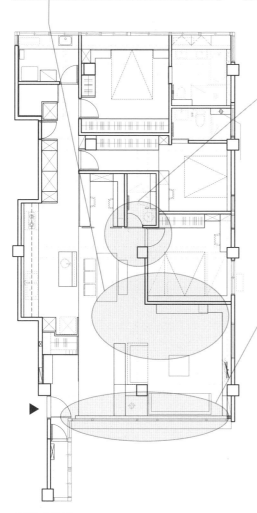

▶

After

PLUS
设计百科

板岩与烟熏木地板的自然魅力

充满人文质感的烟熏橡木地板与纹理粗犷的薄板岩，在明快而简单的空间线条中，更能营造出自然味道，而与之对比的茶镜、玻璃或烤漆等，则让空间更具有层次感。

实 例 破 解

01

封闭厨房形成狭长廊道，
采光及动线都受到局限

新婚夫妻只需要 2 房格局

文／陈佳歆
空间设计及图片提供／石坊空间设计研究

好格局清单

- ◉ **平效：** 移除多余隔间4房变2房，创造宽敞休闲区域。
- ◉ **动线：** 消减破坏公共空间的转角墙，串联视线与动线的流畅度。
- ◉ **采光：** 打开墙面，开放式空间设计增加受光面积。
- ○ **功能：**

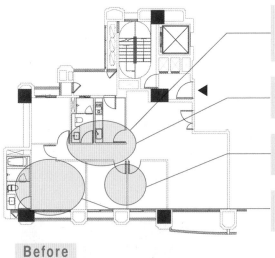

NG1▶ 卧室及封闭式厨房阻挡两侧光线，空间中段仅有微弱采光。

NG2▶ 靠窗并排卧室形成过长的廊道。

NG3▶ 隔间过多不满足目前的居住需求。

NG4▶ 主卧空间太小不敷使用。

NG 问题

Before

格局VS设计师思考

仅有2人居住，4房格局不适合中长期居住计划

新婚夫妻对空间需求除了主卧之外，希望预留一间儿童房以及书房，原本开发商规划为4房格局，对他来说造成不必要的闲置空间。

OK
破解

开放式厨房，改善光线缩短廊道

OK1▶ 移除居中的厨房墙面，构成全开放式厨房，整体穿透的视线缩短廊道距离感。

打开书房视野，客厅方正宽敞

OK2▶ 邻近客厅的卧室规划为开放书房，增加采光面，并利用架高地坪界定区域，美化原本公共空间因墙面转角被破坏的视觉观感。

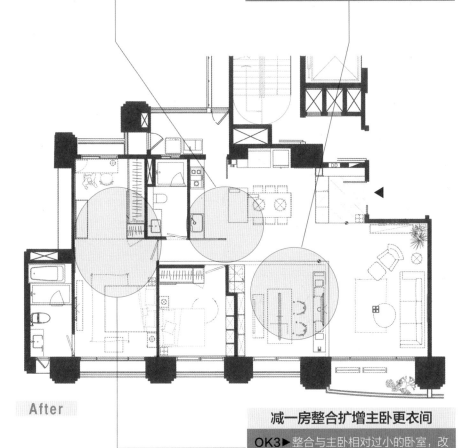

After

减一房整合扩增主卧更衣间

OK3▶ 整合与主卧相对过小的卧室，改为站立式更衣间，构成使用功能完整的主卧室。

改造关键点

1. 展开卧室及厨房隔间缩减过长及昏暗的廊道。
2. 开放式设计提高整体空间的自然采光。

[动 线]

[动 线]

开发商原先规划4房2厅的格局对这对新婚夫妻来说过多的房间数量使空间难以利用，对应实际只有2＋1房的需求，将紧邻客厅的卧室调整成开放式书房，并打开封闭厨房墙面，创造完整而开阔的公共休闲区域，增进夫妻彼此间交流的频率，同时引入更充足的采光解决长型屋中段昏暗的问题；整合位于空间底端的2间卧室成为一个含括更衣间的主卧室，也因此缩减原本过于冗长的廊道，使生活的互动在空间中能充分发挥。

PLUS
立面设计
思考

1 **隐藏门设计
统整视觉** ┆ 儿童房外墙采用纹理较为清晰的风化木，并以隐藏门设计创造一面不中断的完整立面。

2 **开放书架创造
生活焦点** ┆ 借由开放式书房为未来生活创造更好的互动关系，矩形分割的开放书架让收纳与陈列成为居家焦点。

[采 光]

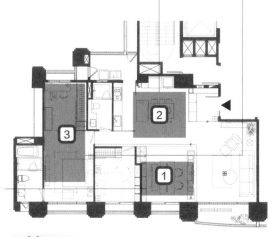

After

① 开放式厨房的中岛台和餐桌创造洄游动线，无隔间的书房设计也不再有干扰视线的90度转角，视线引导动线串联整个空间。

② 重新调整卧室邻窗并排阻碍光线的格局，移除多余卧室后增加整体空间的受光面积，整体空间显得更为明亮。

③ 原本两侧封闭式空间影响空气进出，打开厨房及卧室墙面提升后阳台与对外窗空气对流的流畅度。

室内面积：**115.63 平方米**｜原始格局：**4 房 2 厅**｜规划后格局：**2 房 2 厅**｜使用建材：**风化木、海岛型木地板、石英砖、烤漆铁件**

3 **运用鲜明色彩点缀氛围** ｜ 整体空间以简约的白色为主调铺陈，并搭配木素材营造出内敛的人文气息，在通往主卧的廊道一侧，大胆采用朱红色引导视觉也成为空间中隐约的亮点。

4 **平整均等线条展现稳定感** ｜ 空间柜体皆顶天落地，并以均等的线条比例分割，以精准的水平垂直线条创造稳定有次序的利落空间感。

实例破解

02

窄长空间面宽太窄，
不当隔间使动线不佳，空间昏暗又潮湿
两人同住却配置5房

文 / 陈佳歆
空间设计及图片提供 / 本晴设计

好格局清单

- ◉ **平效：** 移除隔间依需求配置楼层，创造休闲生活区域。
- ◉ **动线：** 挑空及镂空设计提升垂直及水平空间的动线串联。
- ◉ **采光：** 采用透光度高的玻璃，中段空间也能有良好采光。
- ○ **功能：**

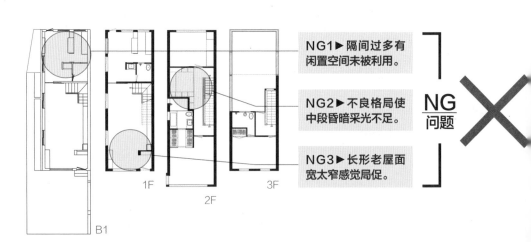

NG1▶隔间过多有闲置空间未被利用。

NG2▶不良格局使中段昏暗采光不足。

NG3▶长形老屋面宽太窄感觉局促。

NG 问题

1F

2F

3F

B1

Before

格局VS设计师思考

房间配置与期待生活连接度低

老屋位于山区，空间略为潮湿，屋况不算太差制式却过于呆板，5房的空间配置并不适合情侣2人的生活需求。

OK
破解

切开局部楼板连接1楼与地下室	玻璃隔间＋开窗，卧室好明亮
OK1▶凿开B1与1楼之间的局部楼板，增设楼梯串联楼层，提高空间使用率。	**OK2▶**寝居楼层以玻璃材质打造位于居中卫浴并增加开窗，让光线能贯穿空间。

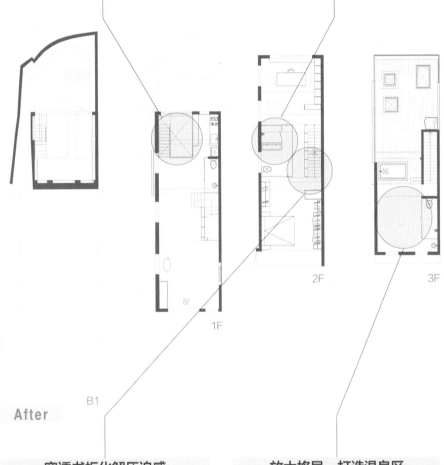

After

2F

3F

1F

B1

穿透书柜化解压迫感	放大格局，打造温泉区
OK3▶镂空书墙设计营造视线穿透，减少廊道的压迫感。	**OK4▶**3楼整层移除所有隔间，重新改造为赏景与休闲兼具的温泉屋。

改造关键点

1. 重新配置各楼层空间以满足业主的生活习惯及需求。
2. 利用材质及设计手法解决采光不够、面宽过窄及通风不佳的问题。

[设 计]

[设 计]

这栋位于郊区的老屋屋龄已超过30年，所处位置邻近溪畔，周围被丰富的自然生态所包围，虽然绿意盎然却也因为水气和树荫使空间感觉潮湿，加上狭长屋形让采光和通风都非常不理想。即将入住的是一对情侣，原本的格局制式不满足需求，设计师从生活实际出发，重新检视空间，同时解决长屋形的先天问题，将B1与1楼之间的局部楼板打开，提升垂直动线的流畅感，并将原本闲置的地下楼层规划为一处卧榻休闲区；2楼移除所有的隔间墙打造成一个开放的寝居空间，同时在侧面与天花加开窗户并采用全透玻璃打造卫浴，自然光线因此能充分映照空间不被阻隔；3楼以桧木打造一间温泉屋，同样采用玻璃材质让视线与光线得以穿透，创造具有自在生活感的居住空间。

[材　质]

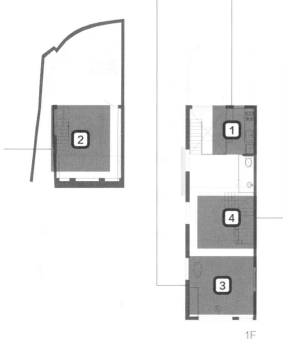

B1　　**After**

1F

① 1楼隔间完全移除，让全开放厨房邻近贯穿上下楼层的天井，下方休憩的卧榻空间方便拿取餐食，营造一个休闲场所。

② 由于只有情侣2人居住，隐私需求不高，为了让水平动线更为自由，移除所有隔间，B1与1楼也打开后段局部楼板，加强上下楼层之间的垂直动线关系。

③ 面宽较窄的长形屋以大量白色铺陈，并搭配全透明玻璃材质营造简单、轻盈的视觉感，使空间给人以较为开阔的感觉。

④ 靠墙设计的楼梯能争取更多的使用空间，同时采用穿透玻璃材质与镂空设计的书架作为楼梯衔接面，使上下之间不会太过昏暗或压迫。

室内面积：**193.60 平方米** | 原始格局：**5 房 2 厅** | 规划后格局：**3 房 2 厅** | 使用建材：**玻璃、磐多魔、桧木**

［ 采 光 ］

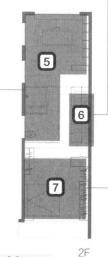

2F

After

5 2楼寝居空间除了增加侧面及天花开窗借以引入自然光线，位于空间中段的卫浴也采用穿透度高的清玻璃为隔间，光线照映范围因此不会被阻隔，空间不再感觉昏暗。

6 楼梯位置位于空间中段，加上卫浴空间使得廊道宽幅有限，镂空书架设计使视线得以穿透，减少压迫感。

7 用原木打造主卧空间，利用单一材质展现休憩空间应有的纯粹感。

8　虽然是长屋形但位于边间，因此能借由增加侧面及天花开窗、凿开楼板以及移除隔间，加强了上下以及前后的空气对流。

9　3楼整层规划为休闲温泉屋，保留部分户外空间退缩距离能保有隐私，同时凿开天窗为2楼寝居增加光源。

10　温泉空间皆采用简单、质朴的材质铺陈，如清玻璃、桧木、混凝土等，营造轻松无压的休闲空间感。

11　即使空间简单无隔间，仍充分利用淋浴间上方作为收纳，保持空间一贯的整洁。

PLUS
立面设计
思考

1　镂空书架设计创造通透性

面宽较窄的长形屋只要有隔间就会形成窄长的走道，楼梯旁以开放式的镂空书架取代实墙，借由光线与视线穿透，减少狭长廊道给人的压迫感。

2　具有轻盈感的玻璃陈列架

1楼客厅衔接通往上方楼层楼梯墙面，采用清玻璃作为陈列架，加上2楼镂空书架，因此在上下楼时皆能感受到微微透入的柔和自然光线，楼梯间不再阴暗无光。

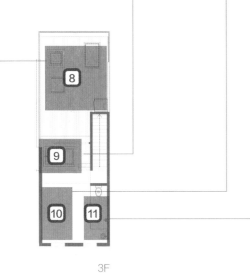

3F

After

3　以原木包覆主卧
空间的自然静谧

除了以木地板延伸铺陈整个主卧楼层，寝居空间更从天花到墙面以原木完全包
覆，与周围环境的绿树共同营造出自然放松的生活感。

4　大量的白色提高
空间明亮度

空间以大量的白色铺陈纯化视觉感官，在自然光线的照映下借以形成放大空间的
效果。

实 例 破 解

03

过多房间配置，制式格局拦截光线，走道在中央昏暗无光

单身住的科技迷，重视影音娱乐

文 / 许嘉芬
空间设计及图片提供 / 水相设计

好格局清单

- ☑ **平效：** 舍弃2房，整合书房、餐厅的中岛设计更显开阔。
- ☐ **动线：**
- ☑ **采光：** 走道迁往落地窗面，产生贯穿全室的光廊。
- ☑ **功能：** 导入先进设备＋自动控制系统，智慧操控更便利。

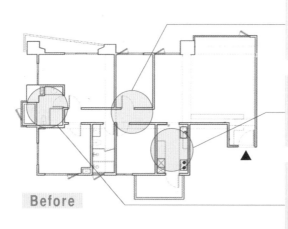

Before

NG1▶制式的长形住宅，无可避免的就是走道贯穿屋子中央，冗长之外隔间也阻绝了采光。

NG2▶独立封闭的一字形厨房，与餐厅产生间隔，更无法结合业主需要的家电设备。

NG3▶业主十分重视浴室空间设备，希望能融入SPA、蒸气室规划，然而卫浴又显得太小。

NG 问题 ✕

格局VS设计师思考

仅有一人居住，格局应相对简单

这间房子严格来说并非业主的主要居住空间，而是他放松休憩的地方，因此4房格局显得太多余，另外还必须将业主订购的B&O音响与超大双人床考虑进去。

OK
破解

走道移至窗扉，光线更好

OK1▶ 格局依照水平长轴划分为公私区域，并将走道挪移至落地窗旁，光线能恣意穿梭每个空间。

中岛餐厨整合影音阅读

OK2▶ 通过一道长形中岛整合餐桌，自由环绕的动线让空间更为宽敞，家电影音设备则巧妙地整合于采矿岩立面。

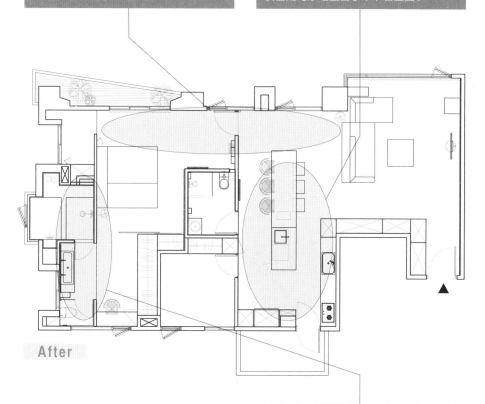

After

扩大卫浴增设完善功能

OK3▶ 合并原主卧室旁的次卧调整为大主卧概念，卫浴得以放大为长形结构，让SPA泡澡、洗手台面各自拥有独立的空间。

改造关键点

1. 针对单身业主的需求，拆除长形住宅的几道隔间，必要过道移往采光最佳处，将阴暗冗长的走道化为无形。
2. 看似开放的公私区域，以不同墙面构成，达到隐性的界定作用。

[设 计]

一个格局相当方正的房子，将长形屋的蔽障去除，把一个个小矩形块放入室内，开阔的做法让自然光散布的深度更具表现力，空间的动向更巧妙地依循着日光洒落的窗棂延展，让业主随时漫步在自然光廊。不刻意回避角落的产生，大方地让大空间中分支出许多方正的小角落，作为空间的端景也是具功能性的中界空间。利用暗门的手法将轴线整理成一幅宽7.5米的黑色画布，切分公共区域与私人空间。空间组合所用的实墙并不多，而是使用各种功能家具将其适得其所地摆放，使用者在生活的一举一动之间，让空间的定义自然生成。

1 将业主过往饭店的住宿体验植入居家，设计师运用低调雾面石材及皮革材质，表现空间的细腻质感。

2 装修之前业主早已订购好 B&O 影音设备，立面设计必须考量以质感的深度，避免抢夺顶级设备的存在，因此设计师选用纯净的莱姆石铺陈，简单的分割，加上地面刻意的脱缝设计，让墙面更为立体。

3 中岛厨房立面的隐藏门设计，运用比石材更轻薄的采矿岩，将轴线整理成一幅完整的黑色画布，展现具有特殊纹理却又纯净的立面背景效果。

4 由玄关延伸转折构成的白色皮革立面，兼具实用的收纳功能，在干净的白色墙面之下，以铁件线条的分割手法，让立面更为细腻。

室内面积: 125.54 平方米 | 原始格局: **4 房 2 厅** | 规划后格局: **2 房 2 厅** | 使用建材: **磐多魔、莱姆石、火山灰、采矿岩、皮革、手工漆、不锈钢**

After

[设 计]　　[设 计]

5 进入主卧室的转折入口处，是业主阅读休憩的角落之一，墙面层架巧妙运用不锈钢激光，取业主英文名字进行设计，独特的光影效果增添趣味感。

6 相比一般浴镜规划于台面上方，设计师将浴镜规划于台面旁，并设计为修长的比例，整体更有质感，浴镜后方还具有展示收纳功能。

7 主卧室选用灰色莱姆石作为墙面主题，裁切最大化的极简铺贴手法，让业主享受宁静、舒压的氛围。

8 半开放式卫浴配备 LED 情境式 SPA 按摩花洒和蒸气室，能数位控制不同出水情境和按摩位置，让业全方位享受沐浴时光。

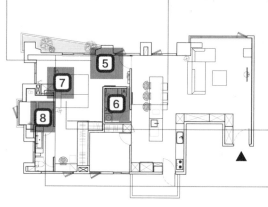

After

PLUS
立面设计
思考

1 **垂直水平墙面界定空间**　重整廊道居中的制式格局，设计师以客厅、餐厅、主卧三道主墙立面，建构出空间主要布局，垂直水平墙面构成的转角，在界定空间的同时也引导空间的连接。

2 **立面化繁为简**　以人造皮革与不锈钢打造而成的柜体，由玄关延伸至客厅、餐厅，整合了鞋柜、对讲机环控机柜、暖炉、杂物收纳柜、书柜、展示柜、厨具设备，将繁琐的生活功能予以简化。

3 材质的新突破与加工

利用比石材更轻薄的采矿岩做立面材质，如同木皮的施工方式，然而一方面又面临采矿岩本身的色差严重，因此必须再利用烤漆处理将色差降至最低。

4 无色彩黑灰白

舍弃一般居家常用的温暖木元素，取而代之的是，大量低色调的雾面石材，无色彩的黑灰白呈现科技印象，使空间给人以理性不冰冷的感觉，保留居住空间该有的感性。

实 例 破 解
04

82.59平方米的住宅过度切割成3房，每个房间好小，动线局促，住宅采光不佳

新婚二人天地，需要预留弹性第三房

文 / 黄婉贞
空间设计及图片提供 / 明代设计

好格局清单

☐ **平效：**

☑ **动线：** 以入口为中心的主轴线，到达住宅哪个区域都很方便。

☑ **采光：** 打开实墙区隔，互享光源。

☑ **功能：** 闲置房间变身更衣间。

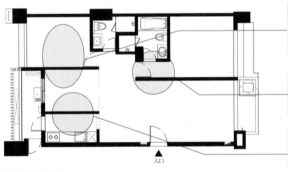

NG1▶成员只有夫妻两人，房间太多造成浪费。

NG2▶房间入口狭小，进出局促。

NG问题

NG3▶实墙导致住宅采光不佳。

入口

Before

格局VS设计师思考

需要考虑成员增加的问题

格局除了考量目前的居住成员外，还得为未来可能增加的成员做准备。现在只有新婚夫妻两人，需要减少现有房间数、避免浪费空间，但为了可能报到的宝宝，格局必须保留使用弹性。

OK
破解

拉大主卧动线更宽敞

OK1▶ 将更衣室后缩，拉大主卧入口走道。客厅则拆除部分与客房相邻的实墙，用活动拉门取代，提升使用灵活性。

弹性第三房，保有采光与隐私

OK2▶ 客厅与客房之间，以拉门做区隔，全拉开时，客房光源与客厅能互享。有客人来时或是宝宝来报到后，便全部拉起，做独立客房。

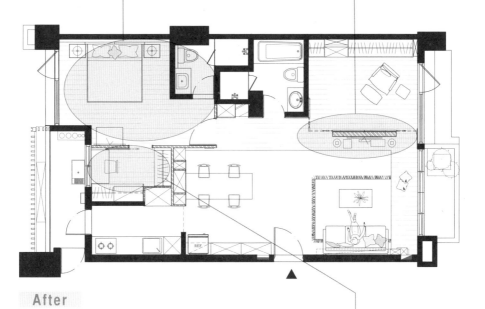

After

一房转作更衣间，增加收纳功能

OK3▶ 将与主卧相邻的房间改为更衣间，并整合梳妆功能，让空间更为完善好用。

改造关键点

1. 紧邻客厅的房间规划为客房，若未来有新成员加入也能变成儿童房。
2. 餐厅以一张长形木质书桌为中心，并在旁设置大面开放式书柜，让长桌可当餐桌与书桌，多功能使用。

[设 计]

[设 计]

住宅室内面积为82.59平方米，由于原始格局的3房配置，不仅让房间都不大，也因为过度切割，遮挡了来自各自房间的光源。为了让婚房住起来更加舒适，便将3房减为2房，把多余空间转移给公共厅区与主卧；客、餐厅整合在同一直线上，让整个公共区域变得更为方正。同时把紧邻客厅的房间规划为客房使用，若未来宝宝报到，也能快速变身为儿童房，成为住宅格局上的一枚活棋。

PLUS
立面设计
思考

1 无毒建材打造健康住宅
客房内、外两面墙皆使用墨绿色水性黑板漆，传统油性漆含甲醛，有明显异味、易危害人体，贴心地运用环保水性漆，不仅甲醛释放量低，上漆与养护工作也容易。

2 视觉保持适度穿透与连接
以拉门、地板材质区隔客厅与客房，顺应未来家庭成员增加时，伴随而来的空间需求。由于区域之间保有穿透感与连接度，看顾宝宝时也较为安心。

[功 能]

[设 计]

1 运用拉门、地板材质将客厅与客房做分割，保有穿透性与连接度的同时，也能分享自然光源，令住宅更加明亮。

2 将拉门全部阖起，书房就成为完全独立的空间，也可作为招待宾客过夜的客房或是未来的儿童房使用。

3 餐厅以一张长形木桌为中心，在一旁规划大面开放式书柜，让餐桌不仅只是餐桌，平时也可当作书桌使用。

4 书桌旁的墨绿色黑板墙其实暗藏客用卫浴，同时整合一旁凹槽畸零处，统一设置收纳柜，拉成完整平面。

5 以褐色系织品、家具营造舒适感，配合洒落地上的温和天光，令期待回到家能彻底放松心情的小两口感到无比放松、惬意。

After

室内面积：**82.59 平方米** | 原始格局：**3 房 2 厅 2 卫** | 规划后格局：**2 房 2 厅 2 卫、更衣间** 使用建材：橡木地板、橡木木饰板、铁件、水性黑板漆、白砖墙、栓木洗白

3 **白、绿搭配木质调**
交织北欧休闲风

材质上除了大量的白色、木质调，空间整体则以深浅的芥末绿色、褐色的家具织品营造出北欧休闲风格。

4 **整合客浴与收纳柜**
于统一隐藏的壁面

书桌旁的墨绿色墙后其实是客用卫浴，设计师在中间凹槽畸零处顺势设置收纳柜，拉成完整平面。

3

方形屋是大多购屋族眼中认定的最佳格局住宅，因为大家普遍认为方正隔间可以规划出对称性较高的平面配置。也是由于对"3房2厅"的固有迷恋，导致即使居住成员没那么多，却一定要隔出很多的房间以备不时之需，然而实墙隔间一旦过多，不仅房间过小不好使用，被房间包围的中心也容易"暗无天日"，白白浪费了好屋型。此外，方形屋在隔间设计时也较容易显得呆板，对于喜欢创意变化者不见得是绝对的优点。

方形屋

格局专家咨询
团队

方形屋的4大格局
剖　　　析

1 房间数多，易形成无用走道

不论屋龄或是面积，方形屋经常是能塞多少房间就塞多少，但是当配置过多的房间时，就很容易构成沿走道两侧"排排站"的隔间，如此一来走道变得既长且无光源，尤其在大面积空间则更为严重。（详见 094 页、096 页、098 页、100 页）

2 转折动线多，反而浪费平效

有些方形屋即便每个空间看似都很方正，但是动线却十分迂回，去厨房是一个行进方向，到主卧室、儿童房又区分出两条走道，这样的缺点是切断了空间感带来的舒适性，同时也阻碍了光线的射入与气流的流动。（详见 102 页、104 页、106 页、108 页）

3 公私区域比例失当

早期大家都会认为房间越大越好，产生的问题是每个人回家后就是待在房间，鲜少和家人互动，然而现在的生活习惯已经改变，不适当的空间比例，将压缩其他使用更频繁的功能区域。（详见 080 页、082 页、086 页、088 页、090 页）

4 大门正对卫浴，犯了门对门的禁忌

有些方形屋的入口是开在客厅和餐厅中间，大门刚好可以直视走道末端的卫浴，观感不佳也是一大禁忌，而通常这样的格局，餐厅尺度也会被压缩。（详见 110 页、112 页）

李智翔
水相设计

屡获室内设计大奖，蕴含强大的设计能量，重视光影与立面、材质的变化，持续的创新让每一次设计都让人惊叹。

张成一
将作空间设计

具有建筑师背景，不受制式格局的局限，总是能给予崭新的格局动线思考，因此变更后的配置皆能令人眼前一亮。

沈志忠
建构线设计

多次拿下室内设计大奖 TID Award 与国际知名奖项，认为设计是建立在与使用者对话、讨论生活琐事的基础上的，透过使用者的文化背景进行整合。

胡来顺
瓦悦设计

擅长且经手过数十个挑高住宅的规划，而且常常遇到面积超小又要塞很多人、拥有很多功能的状况，且都能迎刃而解，创造出比原来还宽敞的空间感。

平 面 图 破 解

公私配置不当

文／陈佳歆 空间设计及图片提供／石坊空间设计研究

问题	温泉主卧阻挡光源，整体面向不佳
破解	调整主卧位置统整公共区域，提升空间受光面积

位于高楼层的空间拥有得天独厚的观景优势，采光也相当充足，但由于开发商当初规划的是温泉景观住宅，因此将主卧设定在紧邻阳台的位置，目的是希望能边泡温泉边欣赏户外风景，却使公共空间显得不够明亮，整体动线也不够流畅；业主夫妻有两个小孩，因此有3房需求，在重新审视空间后，将面向最好的位置留给客厅，让厨房及客厅能重叠使用，其余卧室沿墙面统整配置，创造最佳使用平效与活动区域。

室内面积：**125.54 平方米** | 原始格局：**4 房 2 厅** | 规划后格局：**3 房 2 厅** | 居住成员：**夫妻、2 小孩**

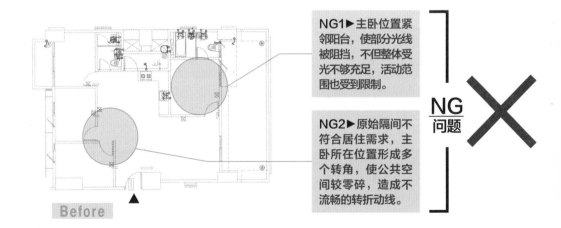

NG1▶ 主卧位置紧邻阳台，使部分光线被阻挡，不但整体受光不够充足，活动范围也受到限制。

NG2▶ 原始隔间不符合居住需求，主卧所在位置形成多个转角，使公共空间较零碎，造成不流畅的转折动线。

NG 问题 ✕

Before

OK
破解

调整主卧位置重塑亲子互动区域

OK1▶ 将原本邻近客用卫浴的卧室改为主卧室，而外侧保留的卫浴虽然看似沦为客用卫浴的角色，但内部配置经过调整后，宽敞的空间加上美好的户外风景，反而使其成为亲子之间沐浴共处的天地。

移除主卧开发公共区域活动能量

OK2▶ 原先开发商规划的温泉主卧，却阻挡了主要的自然光来源，移除主卧寝居空间以开放式厨房取代，开放空间创造完整的单面采光，进而提升公共区域的受光面，同时满足女主人边洗碗边看风景的愿望。

After

PLUS
设计百科

利用活动家具建构行走动线

保有公共空间的开阔感，以活动家具定义空间区域，同时创造行走动线路径；45度斜铺的木地板也具有引导视线、放大空间的效果。

平 面 图 破 解

公私配置不当

文／陈佳歆 空间设计及图片提供／本晴设计

问题	**格局配置不符合现阶段居住成员需求**
破解	**重新分配公私区域比例，调整空间配置，使其符合目前生活状态**

由于孩子逐渐长大有独立寝居的需求，业主也借此机会调整居住多年的空间以符合目前的心境。以轨道门界定公私区域，尽可能放大公共空间，作为与家人共处的重要区域，并将原本外推的阳台内缩并栽植丰富的植物；缩小较需要隐私的寝居区域，主卧及儿童房分别配置在卫浴两侧，中间以短廊道串联。这里减化了空间格局造成的轴线，让业主忙碌工作后的心境能在活动家具与植栽围绕的自由空间中得以转换。

室内面积：**112.33 平方米** | 原始格局：**3 房 2 厅** | 规划后格局：**3 房 2 厅** | 居住成员：**3 人**

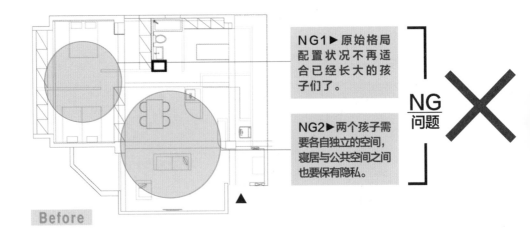

NG1▶ 原始格局配置状况不再适合已经长大的孩子们了。

NG2▶ 两个孩子需要各自独立的空间，寝居与公共空间之间也要保有隐私。

NG问题 ✕

Before

OK
破解

重新配置房间位置	以滑门明确划分公私区域
OK1▶ 将内侧书房往外移至公共空间，而原本的书房则调整为主卧，并将2间儿童房规划在同一侧，两者之间以卫浴为中轴，规划出一个完整的寝居区域。	**OK2▶** 空间配比上放大与家人共处的公共空间，寝居空间仅维持适当的休憩尺度，公共空间与寝居空间以轨道门区隔，以保有适度隐私。

After

PLUS
设计百科

低矮家具削减视觉上的阻隔

刻意把桌脚和椅脚锯短，使家具高度偏低，创造贴地而坐的自在感受，身体因为降低坐姿而感觉放松，无阻隔的穿透视线也使空间具有开阔感。

平 面 图 破 解

公私配置不当

文／郑雅分　空间设计及图片提供／将作设计

| 问题 | 客、餐厅比例失衡，大阳台难利用 |

| 破解 | 圆形客厅超有型，纳入采光书房更大气 |

这个住宅原本格局很传统，除了在私密区因规划有4房、2卫浴形成长形走道外，公共区则因餐厅大、客厅小的格局，让使用功能与空间画面都有比例失衡的严重问题，另外，厨房采用封闭格局不仅业主不喜欢，也使公共区的利用率更低。至于客厅这端虽享有大阳台的窗景，不过因空间小让舒适度大大减分，也让空间利用率降低。

室内面积：**109.02 平方米**｜原始格局：**4 房 2 厅**｜规划后格局：**3 房 2 厅、书房、储藏室**｜居住成员：**夫妻**

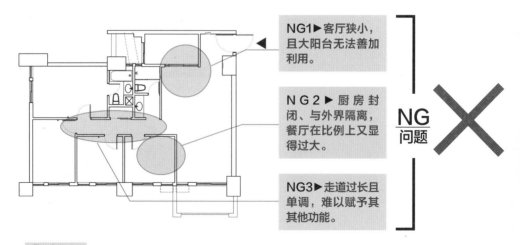

NG1▶客厅狭小，且大阳台无法善加利用。

ＮＧ２▶厨房封闭、与外界隔离，餐厅在比例上又显得过大。

NG3▶走道过长且单调，难以赋予其其他功能。

NG 问题 ✕

Before

圆客厅+书房，打破格局迷思

OK1▶ 先将阳台纳入室内并架高地板改为开放书房，同时让出房间部分角落给客厅，创造圆弧形的客厅沙发主墙，并以弧形电视墙做呼应，构造出圆形大客厅的雏形，使原本距离过短的狭窄客厅顿时变宽敞，同时书房也被纳入客厅的腹地之内。

打开厨房，弧形餐桌呼应客厅

OK2▶ 封闭的厨房有碍家人沟通，加上业主本身喜欢开放式餐厨空间，因此决定将之改为开放的"门"字形厨房设计，再连接弧形吧台餐桌，让厨房内工作者可与客厅的家人互动，并可利用厨房旁的畸零空间规划出一个储藏室。

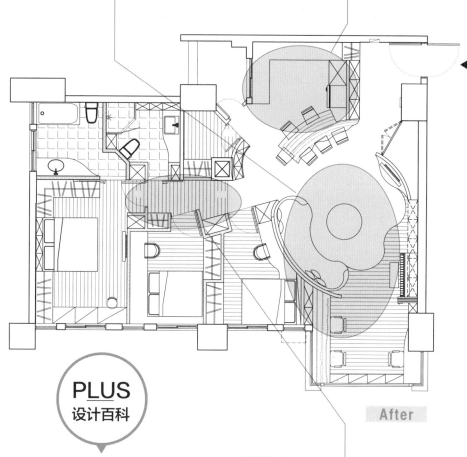

After

PLUS
设计百科

曲线主墙可打破空间单调感

一般人对于隔间的想象多半停留于方正与直线，担心曲线的隔间墙易造成空间畸零问题，但其实曲线墙可活跃空间，同时善加规划还可让墙面两侧产生空间互补的效果，例如客厅主墙后端的房间可规划出书桌桌面，且桌面较直线更长。

浴室移位缩短走道，并增加端景

OK3▶ 为改善走道过长的问题，将两间浴室往后移位，也让开放餐厅有了更大腹地。而为避免走道单调，将卧室门打斜以创造端景，而卧室内则因门边规划了橱柜，完全不影响使用空间。

平 面 图 破 解

公私配置不当

文／许嘉芬　空间设计及图片提供／邑舍设纪室内设计

问题	5房格局极具压迫感，公共厅区比例又太小
破解	**开放弹性练舞室＋"回"字形动线，拉大空间尺度**

这间房子原本是5房格局，空间被切割得很零碎，动线也不流畅。设计师将中间段的3个房间拆除，并将主卧隔间墙进行部分退缩，位置退到和次卧隔间墙对齐，利用"清空"后产生的空间，规划出书房与一间客房兼练舞室，并结合开放式手法，整合客厅、餐厨区域，创造出有如"回"字形的住宅设计，解决使用功能需求的同时，也让空间获得最有效的格局配置。

室内面积: **132.15平方米** | 原始格局: **5房2厅** | 规划后格局: **3房2厅、客房兼练舞室** | 居住成员: **夫妻、1小孩、1长辈**

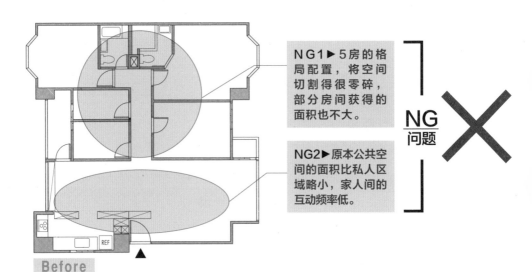

NG1▶5房的格局配置，将空间切割得很零碎，部分房间获得的面积也不大。

NG2▶原本公共空间的面积比私人区域略小，家人间的互动频率低。

NG 问题 ✕

Before

OK
破解

开放式多功能房更好用

OK1▶ 拆除原格局中间左边的两间房后，改以开放式手法规划了一间功能房，展开拉门，其可成为小孩的舞蹈练习室，当拉门关上则可化身为客房。

"回"字形动线视野更宽敞

OK2▶ 借由开放式手法串联起空间关系，更创造出宛如"回"字形的住宅设计，空间变得具有律动感，也拉大了空间尺度。

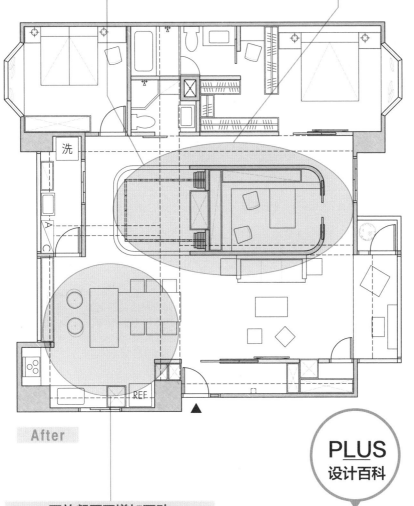

After

开放餐厨区增加互动

OK3▶ 原本封闭的餐厨区，改成开放式设计，并结合了收纳功能，为空间制造一动一静的使用效果，也为业主一家人创造更多互动性的可能。

PLUS
设计百科

拟树干的自然栓木实墙

书房保留实体隔间方式，夹板打底并利用栓木皮贴于其上，辅以刨刀技术，制造出宛如树干的自然弧度。

平 面 图 破 解

公私配置不当

文 / 许嘉芬 空间设计及图片提供 / 方禾设计

问题	**公共空间小，卧室分配比例不均**

破解	**两个卧室尺度缩减，换取宽敞中岛 餐厅与自由生活动线**

这是一间常见的必须穿过前阳台进入的二手房屋，格局上看似方正，但实际隐藏着几个问题，首先是公共空间和私人区域相比，空间感稍微差了一点，通往卧室的走道既没有光线也浪费平效。在同样必须维持3房2卫的条件下，设计师拆除几道墙面以及顺应需求缩放卧室尺度，不但增加了中岛餐厅与电器收纳区，甚至多了完整的储藏室。

室内面积：**92.51平方米** | 原始格局：**3 房 2 厅** | 规划后格局：**3 房 2 厅、储藏室** | 居住成员：**夫妻**

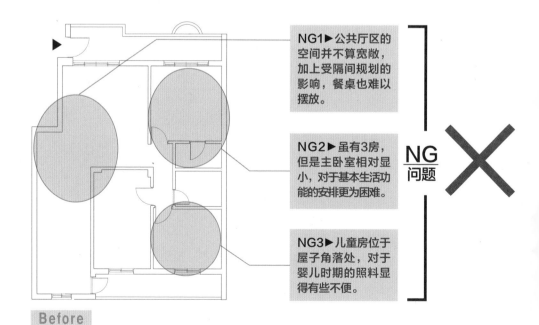

NG1▶公共厅区的空间并不算宽敞，加上受隔间规划的影响，餐桌也难以摆放。

NG2▶虽有3房，但是主卧室相对显小，对于基本生活功能的安排更为困难。

NG3▶儿童房位于屋子角落处，对于婴儿时期的照料显得有些不便。

NG问题 ✕

Before

OK
破解

长形卧室尺度缩小，创造中岛餐厅

OK1▶ 为了争取开阔的公共厅区，设计师将毗邻厨房的卧室空间尺度缩小，加上将客厅后方的墙面拆除，创造出中岛餐厅，餐桌还可延伸为6人使用。

卧榻形式的儿童房

OK2▶ 利用部分阳台外推重新调整的儿童房，位于客厅后方，除了采取卧榻床铺的方式，让婴幼儿时期的孩子使用更方便之外，隔间也局部运用玻璃材质，父母在客厅就能随时看顾孩子。

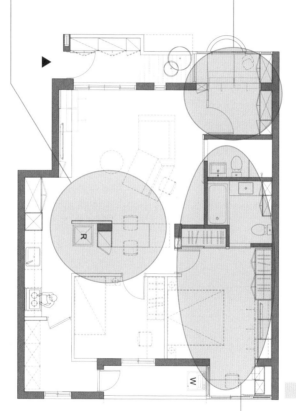

After

PLUS
设计百科

订制进口沙发整合书桌功能

特意不靠墙摆放的沙发，创造出自由环绕的生活线，不仅如此，采用订制的进口沙发更结合书桌功能，提供多元且不占空间的使用形态。

舍弃走道，将其纳入主卧室

OK3▶ 原本位于前阳台的主卧室往内挪动，同时将过去单一功能的走道纳入卧室使用，以及局部阳台外推与儿童房尺度缩减，换得具有泡澡功能的大浴室、大衣柜和梳妆区。

平 面 图 破 解

公私配置不当

文／黄婉贞 空间设计及图片提供／瓦悦设计

问题	房间几乎比厅区大，多隔间又小又阴暗

破解	**客厅、主卧、厨房大位移，灯墙、玻璃隔间让住宅焕然一新**

为了让行动不便的母亲生活得更加舒适，女儿特别买下电梯住宅并依需求加以改造，终于说服母亲搬离爬上爬下的老公寓。住宅原本采光不差，却因实墙隔间过多，给人阴暗狭小的错觉。此外厨房跟客厅一样大的奇怪比例，也压缩了其余房间的使用面积。将格局重新进行大调整，进门处改为宽敞的客厅与半开放式厨房，另一房则改为架高和室，同样采取拉门隔间，厅区空间感变大，亦可维持2房格局。

室内面积：**39.65 平方米** | 原始格局：**2 房 1 厅 1 卫** | 规划后格局：**2 房 1 厅 1 卫** | 居住成员：**1 人**

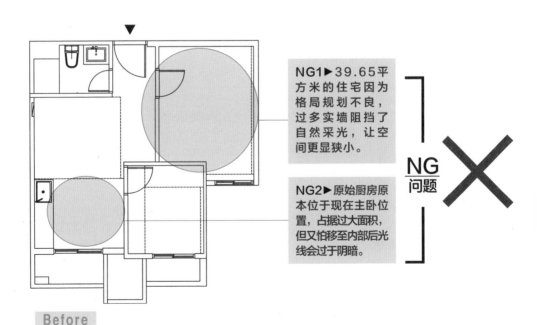

NG1▶ 39.65平方米的住宅因为格局规划不良，过多实墙阻挡了自然采光，让空间更显狭小。

NG2▶ 原始厨房原本位于现在主卧位置，占据过大面积，但又怕移至内部后光线会过于阴暗。

NG 问题 ✕

Before

OK
破解

厨房位移压缩，灯墙照明消除阴暗

OK1▶ 将厨房移至与卫浴相邻，并进行压缩，拉成一字形。令人烦恼的内侧无采光问题，则在主卧与厨房间设置灯箱后消弭于无形。

拆除客厅实墙，自然光终于射入住宅中心

OK2▶ 客厅改到入口处，拆除面对阳台的实墙，不仅空间变大、变明亮了，也使动线更加合理。

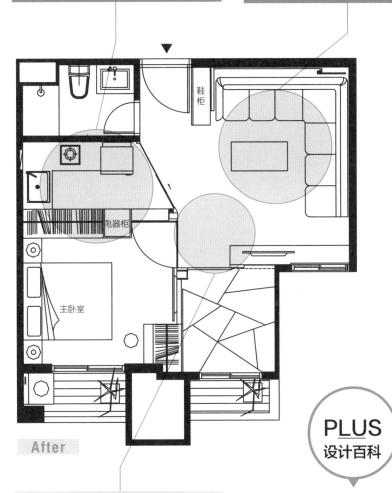

鞋柜

电器柜

主卧室

After

PLUS
设计百科

玻璃隔间取代实墙，住宅明亮又宽敞

OK3▶ 以白色为背景设色，用玻璃取代实墙隔间，并将格局重新分配，虽然改造后房间数不变，但住宅显得明亮宽敞许多。

吸盘取代把手，架高收纳开阔好轻松

全白架高区作客房使用，平时地面架高处可用来收纳妈妈的众多杂物。设计师特别将区块切割为不规则的几何形状，令空间更显活泼，而全平面设计不想多作把手造成地面高低不平，因而使用吸盘方式，在要用的时候拿小道具辅助即可。

平 面 图 破 解

公私配置不当

文／黄婉贞　空间设计及图片提供／虫点子创意设计

问题	主卧好大，但业主全家多在客厅活动
破解	撷取 1 ／ 2 主卧室面积纳入公共厅区，拥有开阔活动区域

56.16平方米的住宅在客厅、封闭厨房与两大卧室的区隔下，每个空间都显得小小的；中间区段在实墙区隔下更是阴暗，让人感觉透不过气来。此外，由于业主一家三口平时习惯在客厅活动，卧室只有睡觉用途，超大卧室面积就显得多余、浪费平效。

室内面积：**56.16 平方米** | 原始格局：**2 房 1 厅 1 卫** | 规划后格局：**2 房 2 厅 1 卫** | 居住成员：**夫妻、1 子**

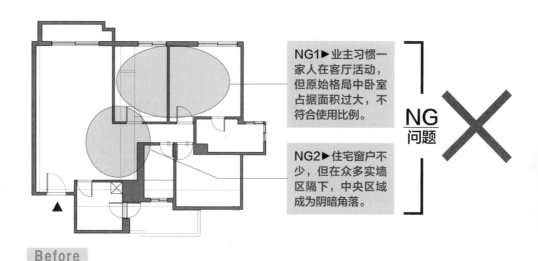

NG1▶业主习惯一家人在客厅活动，但原始格局中卧室占据面积过大，不符合使用比例。

NG2▶住宅窗户不少，但在众多实墙区隔下，中央区域成为阴暗角落。

NG
问题 ✕

Before

OK
破解

放大客餐厅、缩小卧室，合乎使用习惯最重要

OK1▶顺应业主全家人在客厅区活动的习惯，设计师在格局比例上做出调整，撷取一部分卧室空间，扩大客餐厅和厨房面积，令住宅使用起来更加合理、舒适。

打开封闭厨房，公共厅区分享空间、消除阴暗

OK2▶拆除实墙，打开原本封闭的厨房，利用铁件将台面石材悬空，拉出利落轻盈的线条，规划长吧台作为客厅与餐厨区的界线，令两个公共区域都能使用，也互相分享空间感与光线。

After

大型量体通通靠边站，不阻碍视线空间更开阔

OK3▶为了将公共厅区放大到极限，尽量不阻挡空间视觉的穿透性，将储藏室、电器柜、鞋柜、冰箱等大型量体整合在一起，如此一来空间便显得通透而开阔。

PLUS
设计百科

另辟储藏室收纳大型杂物

在收纳规划上，设计师认为无论住宅再怎么小，都应该规划出一间储藏室。因为储藏室的收纳灵活度远比柜体与层板更高，尤其是对于大型的杂物如行李箱、吸尘器、婴儿车等物件而言，要保持住宅整洁清爽，储藏室是无可取代的存在。

平 面 图 破 解

隔间划分零碎

文／郑雅分　空间设计及图片提供／将作设计

问题	连续窗景被隔间切断，大宅变小屋
破解	空间轴向翻转 45 度，家具不靠窗，带来好视野

这栋房子本身拥有大阳台与良好采光，但原本的空间配置却因一道隔间墙将窗景阻断，使客厅大受限制，公共区的采光也变差了；加上原来预留的独立厨房与餐桌位置都相当狭小，使得原本不算小的房子完全无法展现原有的宽敞空间优势。另外，房屋左侧因有三个房间聚集而必须设走道作为连接，这也造成空间的浪费。

室内面积：**39.65 平方米** ｜ 原始格局：**2 房 1 厅 1 卫** ｜ 规划后格局：**2 房 1 厅 1 卫** ｜ 居住成员：**夫妻**

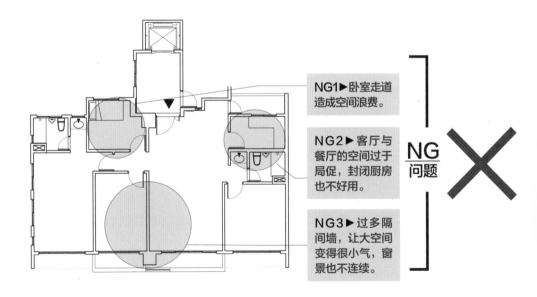

NG1▶卧室走道造成空间浪费。

NG2▶客厅与餐厅的空间过于局促，封闭厨房也不好用。

NG3▶过多隔间墙，让大空间变得很小气，窗景也不连续。

NG 问题 ✕

Before

OK 破解

45度转向+家具不靠窗带来好视野

OK1▶ 进入客厅的轴线以45度翻转,将沙发放置于斜面上进而创造更大面宽,同样地,与沙发成90度摆设的餐厅也跟着变长了,更棒的是家具不靠窗的设计,保留了美丽的窗景与观赏动线。

厨房移出扩大共聚空间

OK2▶ 为彻底改造格局,先将房间的隔间墙都拆掉,并把厨房与客用卫浴让出作为房间用,而客浴则移至原来的餐桌区,至于房间则改为餐厅与厨房,实现业主愿望,让全家的共聚空间更舒适。

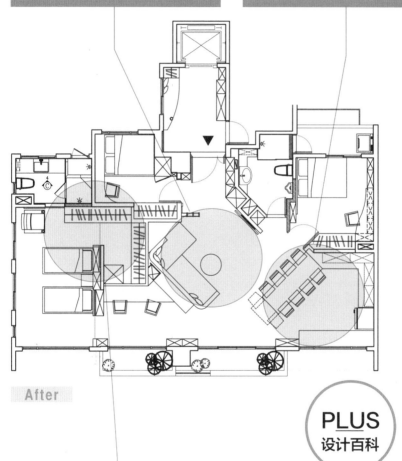

After

卧室改变门向,走道变收纳区

OK3▶ 将原本紧临大门的小房间门片改向后,利用部分走道空间增加收纳柜,也可加设书桌区。而主卧室入口则改由客厅沙发后的开放书房区进入,让动线与书房共用空间,而原走道则可作为更衣间。

PLUS
设计百科

扩大共聚空间,增进家人互动情谊

好设计可以改变生活内容,也可以增进家人的情感,此案借由放大公共空间的设计,让家人更乐于共处在开放且舒适的客、餐厅,以及采光明快的书房,可避免因共聚空间不舒适而急于回到自己的小天地。

平 面 图 破 解

隔间划分零碎

文 / 黄婉贞　空间设计及图片提供 / 明代设计

问题	**一个人住却有4个房间**
破解	**舍弃 2 房延伸作为主卧更衣间，厅区面积扩增，使用更舒适、更有效率**

从实际使用频率出发，将一个人住的住宅，舍弃两个房间，除了得到更衣间外，同时扩大使用频繁的公共厅区，并将餐桌、书桌、工作台面多功能合一的230厘米长桌与吧台相邻，设置在恰好能正面眺望阳台户外绿意的"黄金地段"，令业主时时都能欣赏美景，待在家就像度假一样。

室内面积：**102.42 平方米** | 原始格局：**4 房 2 厅 2 卫** | 规划后格局：**2 房 2 厅、更衣间** | 居住成员：**1 人**

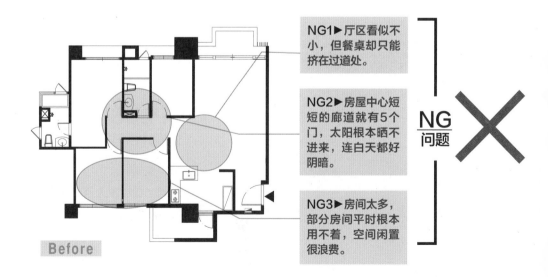

NG1▶厅区看似不小，但餐桌却只能挤在过道处。

NG2▶房屋中心短短的廊道就有5个门，太阳根本晒不进来，连白天都好阴暗。

NG3▶房间太多，部分房间平时根本用不着，空间闲置很浪费。

NG
问题 ✕

Before

主卧延伸规划更衣间，杂物收纳有去处

OK1▶ 与主卧相邻的房间则并入寝区，作为更衣间收纳使用，家里的杂物再也不怕没地方摆了。

拆除闲置房间，主要活动空间更宽阔、舒适

OK2▶ 拆除其中两房，一间与客厅结合，创造更完整的宽敞空间，同时也摆脱了餐桌没地方摆的窘境。

After

PLUS
设计百科

用光线与视觉重点转移压梁问题

用整面木作包覆梁与全部壁面，辅以内嵌置物柜作为景深，在自然光的掩饰下，很难看出墙面上方有些微倾斜，将床头压梁问题化于无形。

保留必需房间，廊道变短，住宅中心也亮起来

OK3▶ 合并空间后，廊道变短了，光线也能斜照到客厅，使其不再阴暗。

平 面 图 破 解

隔间划分零碎

文／陈佳歆　空间设计及图片提供／基础设计中心

问题	多隔间使空间零碎且太小，生活必须迁就格局

破解	统整格局将隔间数减到最低，利用推拉门创造空间使用弹性

原始3房格局加上封闭式厨房将空间切割得过于零碎，不但形成浪费空间的转折廊道，而且每个单一空间面积过小而显得拥挤难以利用。业主夫妻有2房需求，其中一房保留给长辈或未来小孩使用，从空间使用频率及活动习惯规划空间，将玄关、客厅、餐厅、厨房及老人房／儿童房整合成一个大型的开放空间，从将厨具视为家具的角度设计以融入空间，客房则以推拉门保有开放格局，在保留使用功能的同时又确保空间独立，营造出公共区域分明、私密空间完整的理想居住形态。

室内面积：**79.29 平方米**｜原始格局：**3 房 2 厅**｜规划后格局：**2 房 2 厅**｜居住成员：**夫妻**

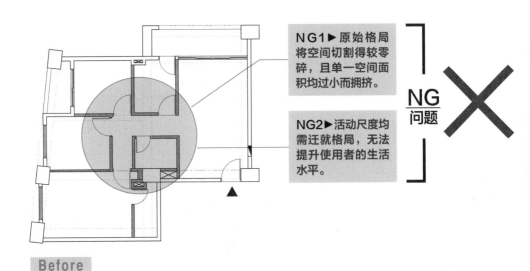

NG1▶原始格局将空间切割得较零碎，且单一空间面积均过小而拥挤。

NG2▶活动尺度均需迁就格局，无法提升使用者的生活水平。

NG 问题 ✕

Before

OK
破解

运用弹性隔间，合并卧室扩大单一空间面积

OK1▶ 除了将公共空间整合之外，更在老人房／儿童房设置推拉门以创造空间连接的最大界面，也提升使用的灵活度，主卧通过整合多余次卧来扩大单一空间。

整合零碎空间创造方整格局

OK2▶ 以实际使用人数及需求整合空间，以减法概念将隔间减到最低限度，将玄关、客厅、餐厅及厨房统整为一个全开放格局的大空间，并将厨具视为家具来设计，打造多彩生活。

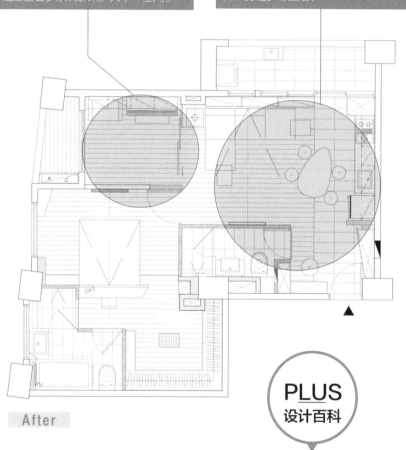

After

PLUS
设计百科

利用天花灯带缓解过渡区域

玄关处借由明镜延伸横向维度，让出入空间变得不局促，同时在玄关至餐厨上方设置灯盒，并将光源设定在需要照明的使用范围内，利用灯光融合餐厨与客厅区域的过渡，也避免了不必要的多余光照。

平 面 图 破 解

隔间划分零碎

文／黄婉贞　空间设计及图片提供／瓦悦设计

问题	**二人住宅却有4房格局**
破解	**拆除多余两房，平均分配平效**

长年住在加拿大的业主夫妻，将住宅设定为返台团聚的落脚处。原本住宅有4房，不仅房间数过多根本用不着，而且客厅、餐厅、厨房与每个房间都不大，显得琐碎，放眼过去一堆门片，空间感十分凌乱。保留两房且调整成方正隔间之后，公共厅区可使用的平效变大了，甚至产生中岛餐厨，过去狭窄的廊道也得以改善。

室内面积：**82.59平方米** | 原始格局：**4房2厅2卫** | 规划后格局：**2房2厅2卫** | 居住成员：**夫妻**

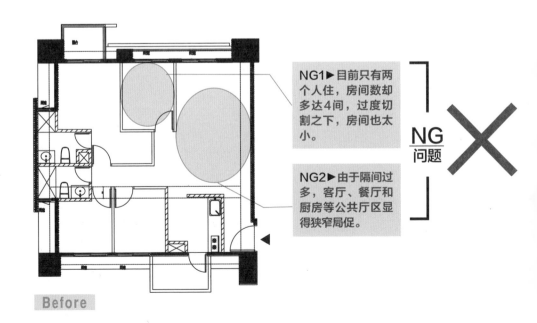

NG1▶ 目前只有两个人住，房间数却多达4间，过度切割之下，房间也太小。

NG2▶ 由于隔间过多，客厅、餐厅和厨房等公共厅区显得狭窄局促。

NG 问题 ✕

Before

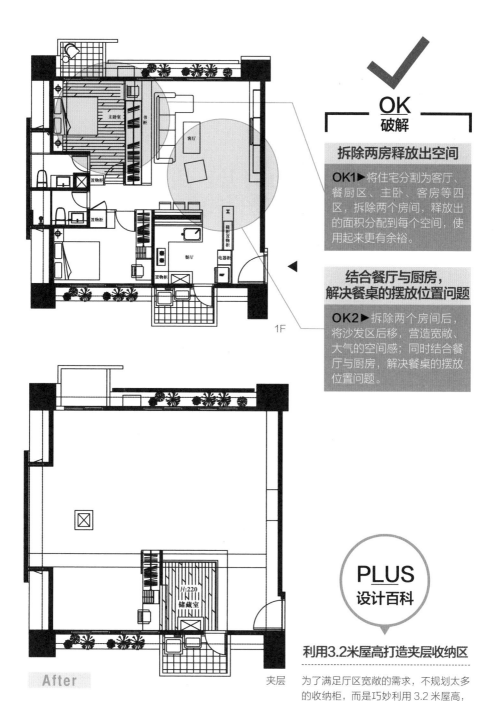

1F

After

夹层

OK

破解

拆除两房释放出空间

OK1▶将住宅分割为客厅、餐厨区、主卧、客房等四区，拆除两个房间，释放出的面积分配到每个空间，使用起来更有余裕。

结合餐厅与厨房，解决餐桌的摆放位置问题

OK2▶拆除两个房间后，将沙发区后移，营造宽敞、大气的空间感；同时结合餐厅与厨房，解决餐桌的摆放位置问题。

PLUS
设计百科

利用3.2米屋高打造夹层收纳区

为了满足厅区宽敞的需求，不规划太多的收纳柜，而是巧妙利用3.2米屋高，设计小夹层，将收纳区全部整合到此处，解决杂物摆放问题。

动线转折多

文／黄婉贞　空间设计及图片提供／沈志忠联合设计、建构线设计

问题	**实墙隔间死角多，不放心年幼孩子独处**

破解	**客厅、餐厅打开，用"游乐场"概念打造居家图书馆**

为了家中即将到来的新成员，家中需要2～3个房间，但业主又希望能有宽敞的空间与孩子互动，在需求上有明显冲突。加上怀孕的女主人担心，在实墙分割下，两个孩子独处易发生危险，对于无死角的空间设计相当坚持。设计师提出"游乐场"概念，让住宅在使用上分为白天和夜晚。白天小朋友在家活动时，客厅、餐厅整合成开放厅区，除了一整面落地收纳柜，另外规划360度旋转层板书架，营造"图书馆"的功能氛围，孩子能在这儿阅读、亲子互动、嬉戏、席地而坐，也满足了父母能随时照看孩子的需求。

室内面积：**132.15平方米**｜原始格局：**3房2厅2卫、书房**｜规划后格局：**2房2厅2卫、书房**｜居住成员：**夫妻、2子**

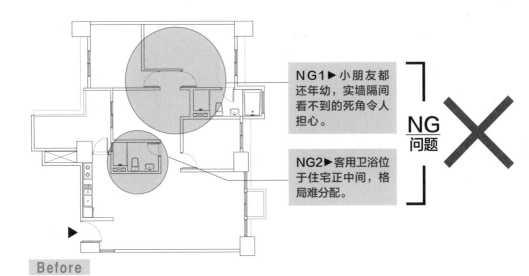

NG1▶小朋友都还年幼，实墙隔间看不到的死角令人担心。

NG2▶客用卫浴位于住宅正中间，格局难分配。

NG
问题 ✕

Before

开放、活动拉门降低阻隔，减少住宅死角

OK1▶ 公共厅区是以阅读、亲子互动、嬉戏、席地而坐为主要功能的空间。儿童房以活动拉门连接开放式书房，降低实墙阻隔，给予父母安心育儿的生活区域。

书柜贴边不挡路，分层规划使用更具效能

OK2▶ 隐蔽与开放性兼具的书柜设计，比例分配是关键，将书柜分为上、中、下三层，中层采用开放设计较佳，方便拿取常看的书籍，而不常看的书可放在上层与下层，采取封闭式设计隐蔽功能。

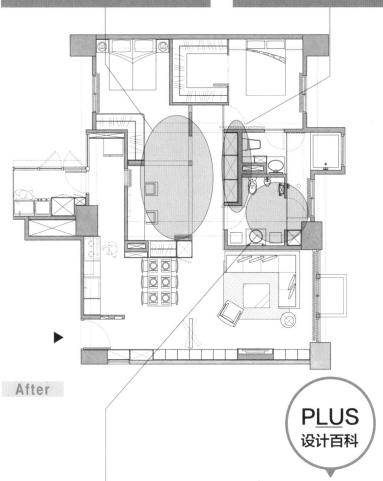

After

PLUS
设计百科

卫浴移至客厅后方

OK3▶ 原本位居中心的客用卫浴挪至客厅后方与主卧卫浴动线可连接，空间也变得较为宽敞。

开窗要视需求来调整大小

开窗并非一味得开阔大气就好，要视情况与需求来调整。书房与阳台间有开窗，但因为女主人担心隐私外泄，并且小朋友读书会分心，因此缩小开窗，保留其穿透感与明亮度，同时解决窥探问题。

平 面 图 破 解

动线转折多

文/郑雅分　空间设计及图片提供/将作设计

问题	**动线狭长、多弯，形成空间浪费**
破解	**房门移位+清除走道，扩大书房与卧室空间**

此空间本身为正方形的格局，公共区与私密空间分区明确，且有独立玄关，先天条件不错，原格局规划除有开放公共空间外，依业主需求设有2卧室、1书房、双卫的隔间，并在2房中间以走道衔接三扇门，乍看并无缺失。但是，走道只能作为动线，无法再利用，浪费空间，书房也小到只能配个双人书桌，且儿童房也只能放进床铺，功能稍显欠缺。

室内面积: 89.20平方米 | 原始格局: **3房2厅** | 规划后格局: **2房2厅、书房、更衣间** | 居住成员: **夫妻**

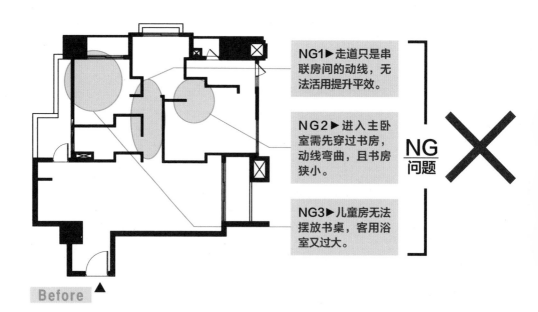

NG1▶走道只是串联房间的动线，无法活用提升平效。

NG2▶进入主卧室需先穿过书房，动线弯曲，且书房狭小。

NG3▶儿童房无法摆放书桌，客用浴室又过大。

NG问题 ✕

Before ▲

OK
破解

改主卧室与书房门向，省下走道区

OK1▶ 因书房原本就是主卧室专用，所以先把书房与主卧对调位置后，便可由客厅直接通过拉门进入书房与主卧室，如此原走道空间可用来扩充书房、增作书柜，而主卧也有空间规划大更衣间。

更衣间转个向，换来大浴室

OK2▶ 原本为了保留更衣间空间，不得不将主卧浴室做成小淋浴间，改变动线后，更衣间做90度转向，再搭配书房与主卧间改用拉门取代扇门，让淋浴间不再受局限，同时依墙而设的橱柜也得以加宽。

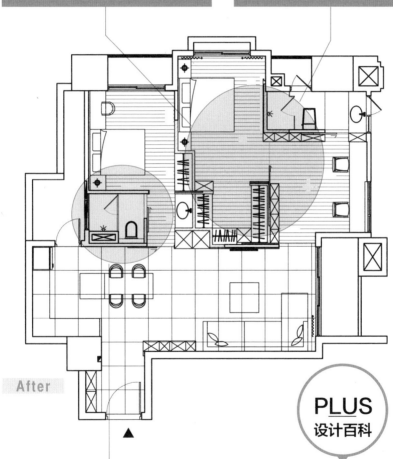

After

PLUS
设计百科

客用卫浴间纳入儿童房更贴心

OK3▶ 许多家庭习惯预留客浴，但外人来家作客的机会并不多，而小孩每天使用浴室则不方便，此案将客浴直接纳入儿童房内，并于面对餐厅与床铺区都加做拉门，如此客人使用时仍可保有房间私密性。

善用拉门，让隔间效益更灵活

此案中将室内的扇门均改为拉门，除可节省开门空间外，更重要的是空间的区隔效果可更随心所欲。例如客浴利用拉门关上淋浴马桶区，如此台面则可独立使用，而关上儿童房门浴室可变成公共区，而关上餐厅门、打开床区的门，客浴又成为专属空间。

平 面 图 破 解

动线转折多

文/陈佳歆　空间设计及图片提供/本晴设计

问题	制式格局动线迂回，隔间柜体填满小面积空间
破解	隔间降到最低限度，以"回"字格局创造无限循环动线

2房2厅的空间格局塞进66.08平方米的小空间，在隔间和柜体填满空间的情况下，虽然满足了需求，却无法使人真正感受适度空间留白所带来的惬意。业主期盼借由空间改变过往生活模式，设计师便彻底拆除所有隔间与天花，将厨房、主卧、卫浴所有生活功能往空间中央集中，使周围形成一圈无阻碍循环走道，形成"回"字形的空间格局，创造出动线无死角的自由生活区域。

室内面积：**66.08 平方米**｜原始格局：**2 房 2 厅**｜规划后格局：**1 房 2 厅**｜居住成员：**1 人**

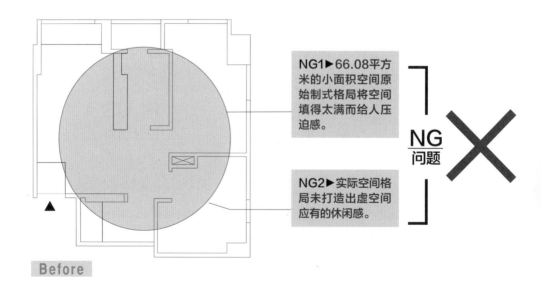

NG1▶66.08平方米的小面积空间原始制式格局将空间填得太满而给人压迫感。

NG2▶实际空间格局未打造出虚空间应有的休闲感。

NG 问题 ✕

Before

OK
破解

解构格局，集中生活功能	循环动线，展开活动尺度
OK1▶ 移除所有隔间重新配置格局，将厨房、主卧、卫浴往中间集中，创造"回"字形空间格局。	OK2▶ "回"字形格局外围通道，形成一条无限循环的动线，使空间不受隔间牵制，给人以自在无拘的感受。

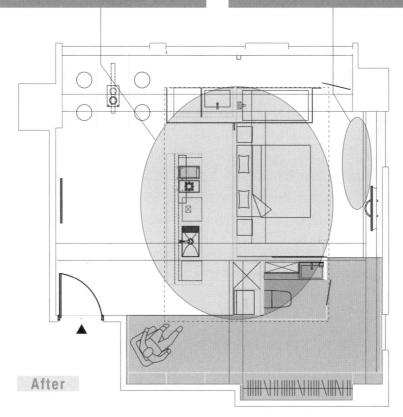

After

PLUS
设计百科

质朴素材营造与世无争的悠然氛围

不仅将隔间减到最低限度，还采用原始质朴材质营造氛围，空间以混凝土浇灌建构，去除多余装饰性建材，适度搭配原木及不锈钢丝网，并在混凝土墙面上刻意留下一道山棱般的裂痕，让内部空间呼应窗外层叠山峦的景色。

平 面 图 破 解

动线转折多

文／黄婉贞　空间设计及图片提供／明代设计

| 问题 | **实墙区隔，3只狗狗活动受限** |

| 破解 | **整合电视墙、吧台量体，环形动线让3只狗狗在家开心绕圈圈** |

针对单身业主的需求，设计师将原来大门旁的浴室改为衣帽间，主卧的通道旁设置大型储藏柜，满足业主的大量衣物收纳归类需求。客厅电视主墙同时结合流理台，以半墙设计与厨房共享光源与空间感，这儿除了兼备餐桌功能外，更延伸成为女主人平时的阅读平台。将量体整合、置中，两侧皆可活动的双动线规划，让狗狗们在家也能自由奔跑活动。

室内面积：**59.47平方米**｜原始格局：**2房2厅2卫**｜规划后格局：**1房2厅1卫**｜居住成员：**单身女子**

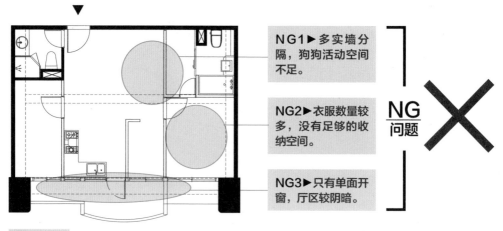

NG1▶多实墙分隔，狗狗活动空间不足。

NG2▶衣服数量较多，没有足够的收纳空间。

NG3▶只有单面开窗，厅区较阴暗。

NG 问题 ✕

Before

OK
破解

整合大型量体，狗狗在家开心绕圈跑

OK1▶ 全室采取开放设计，并整合电视主墙、餐桌等大型量体，狗狗可以在家中自由奔跑。

拆除实墙阻挡，来自露台的光源分享至全室

OK2▶ 拆除原有的实墙，令露台侧的自然光源能自然分享至客厅、餐厅、厨房甚至玄关处。

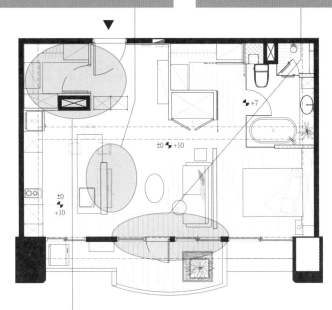

After

内外更衣间，收纳功能充足，使用更有效率

OK3▶ 除了在卧室旁的主更衣间外，外出玄关处也设置了衣帽间，收纳外出衣物与鞋子，分门别类的规划，不仅使住宅有充足的收纳空间，使用上也更有效率。

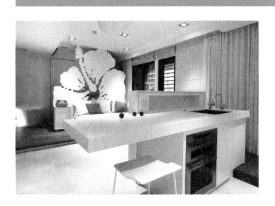

PLUS
设计百科

镂空朱槿花隔屏成住宅主题

客厅区域以"花"为主题，寓意着外表热情主动、内心细腻且强大的女主人的个性，沙发背景墙采用朱槿花隔屏作为区分公私区域的界线，镂空精致的花蕊轮廓，成为住宅的视觉焦点；辅以电动卷帘使家有访客时，达到保障业主隐私的效果。

平 面 图 破 解

大门对厕所

文／许嘉芬　空间设计及图片提供／幸福生活研究院

问题	大门与卫浴门相对，餐桌动线也不顺畅
破解	**暗房瓦解成就大厨房，原有厨房变身餐厅，灰色老屋豁然开朗**

儿女为双亲购入一座4房的老屋，大门面临正对浴室的禁忌，此外，由于儿女都长居国外，4房显得过多，且其中一房不但小且采光也不佳，而厨房更是完全无自然光源。不仅如此，双亲年事已高有分房睡的习惯，长居国外的儿女也不定期会回国探望父母，所以最少需要3房，还要有个大餐厅，年节时可以让全家人一起团聚用餐。

室内面积：**109.02 平方米**｜原始格局：**4 房 2 厅**｜规划后格局：**3 房 2 厅**｜居住成员：**父母、子女 ×6（长居国外偶尔回来）**

NG1▶一进门就可以看见客浴入口，这是一大忌讳。

NG2▶公共厅区偏长形，厨房阴暗封闭，餐桌位置也刚好卡在进门左侧。

NG
问题 ✕

Before

扩大客浴，微调门片位置，避开禁忌

OK1▶ 原本同样大小的浴室，特意扩大客用浴室，改为具有干湿分离功能的全套卫浴，另一间为仅有厕所功能的半套卫浴，同时也将厕所门位微调，解决门对门的问题。

打开暗房变厨房，封闭厨房成餐厅

OK2▶ 舍弃采光最差的房间，改为开放式厨房，运用梁柱造成的畸零空间以L形厨房结合吧台；原本狭窄密闭的厨房不见了，成就了更宽敞的餐厅。

After

PLUS
设计百科

客房内缩让走道增加收纳功能

把客厅旁的房间规划为客房，以供子女回国时居住，由于是作客房使用并不需要太大，所以将走道隔间拆除，规划为收纳柜体。

平 面 图 破 解

大门对厕所

文／许嘉芬　空间设计及图片提供／权释国际设计

问题	**大门直接对着客浴，走道狭窄且无用**
破解	**廊道右移变 L 形动线，解决门对门的问题，又能增加展示柜与更衣室**

这是一对夫妻为退休作准备买下的二手房屋，原本3房2厅的格局还算舒适，然而客、餐厅区域显露的超大梁、柱，视觉上给人压迫感；此外，两分法的空间规划，造成狭长走道以及大门直接面对厕所的问题。考虑到主要居住者为夫妻两人，两个女儿在外求学，偶尔才会回来同住，设计师便将主卧扩大，两间女儿房稍微缩小求正后，得到一间1.65平方米大小的储藏室，原本的走道也顺势位移，解决了大门正对厕所的问题。

室内面积：**105.72 平方米**｜原始格局：**3 房 2 厅**｜规划后格局：**3 房 2 厅、储藏室**｜居住成员：**夫妻、2 女**

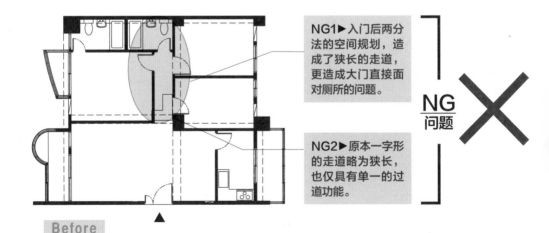

NG1▶入门后两分法的空间规划，造成了狭长的走道，更造成大门直接面对厕所的问题。

NG2▶原本一字形的走道略为狭长，也仅具有单一的过道功能。

NG 问题 ✕

Before

OK
破解

廊道向右移，大门不再正对厕所

OK1▶ 两个女儿房向窗户方向微缩小，将原本4.5米的电视墙拉长至6.5米，将梁柱都包覆起来，让廊道向右移，大门不再正对厕所门口。

L形廊道规划，增加更衣室、储藏室

OK2▶ 一字形的廊道改为更宽的L形廊道，顺利切割前往客卫和主卧的动线，主卧顺着廊道位移，多出6.61平方米的更衣室，储藏室前的廊道更顺着柱厚设立壁面的展示收纳柜。

After

PLUS
设计百科

主卧卫浴马桶转向，动线更流畅

本来主卫浴的推门一开就面对柱子，改为横拉门并将马桶转向，不仅使用更方便，洗脸台变成3倍长，同时增加了更多收纳空间。

实 例 破 解
01

零碎制式格局，小厨房、
小卧室让空间很有压迫感

全家人共享归乡居所，完整住宅功能缺一不可

文/许嘉芬
空间设计及图片提供/水相设计

好格局清单

- ☑ **平效：** 维持3房格局，其中一房变套房还能增加第三套客浴。
- ☑ **动线：** 格栅折门区隔书房，与客厅形成自由穿梭的环绕动线。
- ☐ **采光：**
- ☑ **功能：** 隔间整合电视墙、书柜，中岛台也兼具餐桌功能。

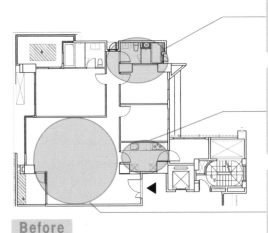

NG1▶ 客浴位在走道最底端，但是必须在双套房之外再增设一套客用卫浴。

NG2▶ 厨房被设置在小小的空间里头，无法满足喜爱烹饪的女主人的使用需求，更期盼拥有中岛台。

NG3▶ 客餐厅比例虽然算宽敞，然而开发商在角落另辟露台，让客餐厅的配置难以拿捏，显得大而无当。

NG 问题 ✕

Before

格局VS设计师思考

归乡居所仍希冀
完整住宅功能

业主长年旅居华盛顿，又不定期往返国内，每年大约有三个月时间留在国内，即便是作为归乡的短期居所，业主还是希望保留3房配置，其中两间必须是套房形式，此外由于女主人擅长烹饪，对于厨房配备、动线也十分重视。

OK
破解

擅用走道增设卫浴

OK1▶ 缩小原客浴的空间，变更成为第二套房卫浴，同时再运用略长的走道空间创造出单纯的客浴功能。

调整尺度让厨房更好用

OK2▶ 借取毗邻厨房的房间面积，扩大增设中岛与餐桌功能，对内是简易的流理台，外侧一张木头桌面满足实用的用餐需求。

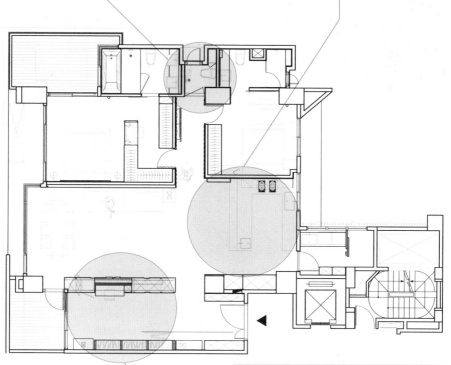

After

多元书房增加功能性

OK3▶ 以第三房形态，利用入玄关后的空间规划出纵长形的书房，格栅折门平常可完全收起，打开时满地的光影线条煞是美丽。

改造关键点

1. 基地具有充足的西晒阳光条件，让所有空间的墙面面向阳光，透过细腻的格栅间隙，阳光与门扇、胡桃实木产生时间轨迹的光线变化。
2. 弹性的第三房形态，既是开放书房，又能纳入案桌，关起折门时则是具有私密性的休憩房。

[风 格]

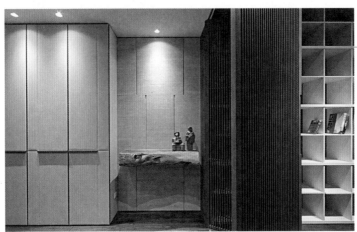

[材 质]

原配置为3房2厅的132.15平方米的住宅，其中狭窄封闭的厨房、略小的两房规划，让空间显得有些壅蔽，虽然这间房子是业主一家回国短暂停留的居所，还是得维持3房功能。因此设计师将方正的基地一分为二，一半作为公共空间使用，同时利用入口处规划出第三书房功能，以及扩增开放中岛厨房的设计，强调宽敞、舒适的视觉感受。另一半则作为独立的卧室使用，同时妥善运用走道辟出第三间浴室。

1 拥有西晒阳光的优点，地面铺陈褐色胡桃实木地板，立面则以浅色石材、混麻织品等材质，营造明亮、饱满的日光氛围。

2 玄关端景选用米色洞石搭配实木台面作为端景，回应业主对于天然素材的喜爱，左侧收纳柜墙则是白色皮革，精致的线条绷饰、嵌入细腻的不锈钢把手，彰显大宅质感。

3 书房与客厅共享的墙体，让两区域各自独立却又巧妙连接，同时也将书桌、书柜、电视等设备隐藏在其中。

4 电视墙面选用米色调锈石，特殊的加工处理将石材的纹理突显出来，凹凸的立体效果有如天然石头般，让空间与自然的连接以一种装饰艺术化的方式完美体现。

室内面积：**115.63 平方米**｜原始格局：**4 房 2 厅**｜规划后格局：**2 房 2 厅**｜使用建材：**风化木、海岛型木地板、石英砖、烤漆铁件**

After

[设 计]

[材 质]

PLUS
立面设计
思考

**1 天然材质的
艺术化呈现**

天然的材质本身就是一种变化的形式，使用天然混麻织品、意大利洞石、北美胡桃实木，在长时间的自然环境中沉淀演变，讲究手感触碰在每种材质呈现的不同温度与肌理，亦是空间与自然的连接，搭配细节的装饰使艺术形式完美体现。

2 线条分割排列

隐藏在石材语汇的几何线条背后是精心的构图分配，以矩阵列的规格加上特定的排列组合方式，在空间上形成三度进退交错的画面，柜体形式化后因而艺术化，看似冷静的几何线条，其实被赋予如一幅画作的生命力。

[材 质]

After

⑤ 主卧室延续公共空间一致的材质与色调，入口以衣柜、梳妆台构成的墙面作为与睡寝区的界定，增加私密性。

⑥ 空间以明亮干净为定调的主轴，沙发背景墙特别选用罗马洞石，底色接近浅米白色，并呈现水平向的纹理，再经由特意的加工形成雾面质地，让底色更为透白，与前方织品的白色相互呼应，更能展现每种材质的温度与肌理。

⑦ 卫浴空间采用灰木纹石为主要材质，从地面、墙面延伸至台面，避免过多材料压缩空间感。

⑧ 通往卧室的走道墙面，利用走道宽度增加浅收纳柜，方便存放卫生备品，直纹背景之下以几何方块堆叠创作出像画作般的储物柜。

3 **功能也能变装置艺术**　大型的装置艺术利用夸张的比例、数量的聚集性组合挑战人们既定的印象思维，使观者对既有平凡的事物重新思考，超乎常理的视觉经验改变了既有物件的定义，运用于空间设计上，使之具有独创性、个性化的特色。

4 **光影成自然装饰**　走道尽头的透光浴室将阳光迎向垂直的立面线条，光线堆叠导入室内，细节装饰即通过自然的形式表现，书房格栅折门亦将日光层层引入，纤细的光影线条洒落地面，带来幽静的独特氛围。

实 例 破 解

02

小面积3房格局空间利用率不佳，16.52平方米地下室陈旧斑驳但想要纳入居住空间

一个人居住的生活区域

文／陈佳歆

空间设计及图片提供／孙立和建筑师事务所

好格局清单

- ☑ **平效：** 移除多余隔间调整格局，营造休闲生活区域，打造独居生活的自在空间。
- ☑ **动线：** 整合空间轴线，维持空间的开放感，将移动动线单纯化。
- ☑ **采光：** 局部楼板采用挑空设计，借由前段采光及材质引入阳光。
- ☐ **功能：**

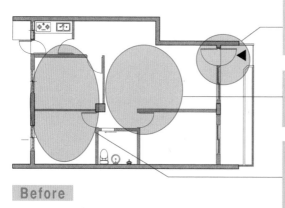

NG1▶地下室必须从室外进入，无对外开窗容易阴暗潮湿。

NG2▶空间位于1楼，通风采光不佳，同时有居住隐私问题。

NG3▶小面积3房2厅格局空间利用率不佳，并且不适合目前单人居住的需求。

NG问题

Before

格局VS设计师思考

以独居生活需求思考放大需求空间

业主为独居长者，因此设计师并非以传统住宅形式来思考空间，而是从如何创造一个人居住的生活区域来着手规划，基本生活所需空间都调整到最舒适的尺度，除了必需的主卧室之外，其他空间保有弹性及开放性，整并餐厨房使其成为主要活动区域，创造惬意自在的休闲生活感。

OK
破解

放大独居的生活尺度

OK1▶ 依据独居生活所需重新配置格局，将生活的基本需求及休闲功能都调整到最舒适的尺度。

格栅外墙兼顾隐私与采光

OK2▶ 计算外墙格栅间距，让由外往内的视线无法看穿但能透入光线。

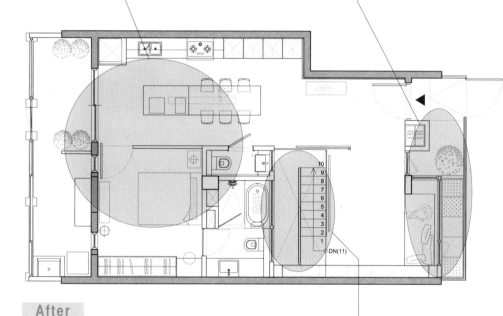

After

切开局部楼板引光

OK3▶ 打开局部楼板让地下室成为空间的一部分，同时改善地下室采光及通风问题。

改造关键点

1. 重新配置空间格局以符合独居生活所需区域。
2. 局部楼板挑空并打造内梯连接地下室，提升地下室采光度及通风度。
3. 大幅开窗引入阳光，格栅围墙让白天保有居住隐私。

[通 风]　　　　　　　　　　　　　　　　　　　　[通 风]

早期66.08平方米的1楼旧公寓包含一间16.52平方米的地下室，原先拥挤的3房格局已不再适合业主目前的独居生活，而此案并不能以一般传统家庭形式思考空间格局，而是创造出一人居住该有的生活品质。业主希望整并地下室，使其成为室内空间的一部分，因此空间必须解决采光及通风问题。主卧配置在空间后段以避免马路车辆的干扰，外侧则规划为起居室，原本狭小的厨房重新整并为开放式的餐厨房，让这里成为主要生活空间。空间中段设计挑空并安置内梯串联楼层，光线与空气也因此流动到地下室，原本阴暗潮湿的空间不再，构成另一处享受生活的自在空间。

PLUS
立面设计
思考

1 格栅围篱维护
居住隐私

由于空间位于1楼，在以大面开窗引入光线的同时，必须考量到生活隐私的问题，因此必须仔细斟酌格栅木板之间的距离，同时要能保证光线透入也要保护隐私。

After

室内面积：**82.59 平方米**｜原始格局：**3 房 2 厅**｜
规划后格局：**2 房 1 厅**｜使用建材：**马来漆、白色烤
漆、水曲橡木地板、大干木、铁件、玻璃**

1 地下室虽然没有对外采光，但借由挑空局部
楼板使空间不再封闭局促，采光及通风状况
也大为改善。

2 空间前段规划为阅读休憩的起居室，借由大
面开窗引入充足的自然光线。

3 在起居室墙面可以看到卫浴打开的对内开
窗，达到增加卫浴空间通风的效果。

4 原本位居角落的狭小厨房被打开，整合为开
放式的餐厨空间，作为居住生活的重心。

5 主卧配置在较为宁静的空间后段，但仍然能
感受到后阳台带来的通风和采光。

2 **起居室滑门与玻璃隔间
让空间开放又独立**　　起居室以滑门设计让空间保有使用的弹性，在邻近楼梯的一侧采用清玻璃隔
间，使视线及光线都能穿透。

实 例 破 解
03

方正格局中央却出现恼人立柱，
阻碍格局分配与难能可贵的好风景

工作繁忙的夫妻，向往绿意环抱

文／黄婉贞
空间设计及图片提供／沈志忠联合设计｜建构线设计

好格局清单

- ☐ **平效：**
- ☑ **动线：** 回字形动线。
- ☑ **采光：** 三面采光，保证森林入景。
- ☐ **功能：**

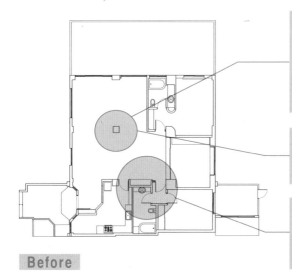

NG1▶ 住宅正中间有一根碍眼立柱，由于柱子从中阻碍又无法拆除，功能区域处处受限，无法集中规划。

NG2▶ 无论站在哪，视线好像都会被柱体所阻隔。

NG3▶ 屋龄老旧，山中湿气又重，室内装潢无法长久维持最佳状态。

NG问题

Before

格局VS设计师思考

帮助转换空间获取身心平静

业主平时工作压力大，设计师希望能在家中营造与工作区域截然不同的休憩空间，令他们忘却压力、获得身心上真正的舒适恬静。

OK
破解

以柱子为中心编设动线

OK1▶ 反其道而行，利用柱子作为概念发想的中心点，由前后左右进行功能扩散规划。另外包覆、扩大立柱范围做收纳与电视柜。柱子前看是住宅厨房；往后就是客厅；往左就是壁炉与主要动线，通往书房；另一侧则是寝区。

真空复层玻璃隔绝湿气

OK2▶ 考量到山中住宅环境恼人的气候特点——寒冷潮湿，设计师特别采用真空复层玻璃充填氮气，同时内藏百页，彻底阻绝湿气、调节光源。而大露台下方就是别人家的客厅，运用铺贴多层玻璃纤维、试水等多重工序，确定不漏后才贴砖。

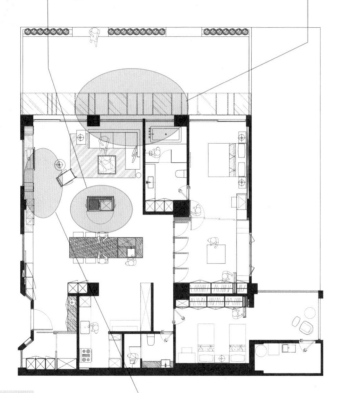

After

确立主要功能设定框景

OK3▶ 先设定好使用者在单一空间所要进行的主要功能活动，让他站在那个空间的某个角度往外望过去，都能欣赏到最完美的框景。

改造关键点

1. 基地位于环境清幽的山腰，整个建筑物被大自然簇拥着，设计师希望延续此绿意，以"框景"的手法，传递室内、外无界线的设计概念。
2. 为营造出无界线的住宅区域，运用材质的独特肌理与特性，将户外重新转介至室内。

[设 计]

[设 计]

[设 计]

住宅为阶梯状的集合住宅，依山而建。每一层住宅都有约70平方米的大露台，露台正下方就是另一户的住宅。住宅正中间伫立一根柱子，不仅阻隔区域间的连接，视觉也受到严重的干扰！但设计师反其道而行，既然避不开，就将柱子视为住宅的一部分，并以其为中心，让功能区域环绕着它，形成回字形的动线。而位于动线四周的功能区域，也经由平面图的精心调配，令每个区域都能在人们活动时，欣赏到不同角度的"框景"。除此之外还通过钢板包覆、做特殊锈蚀处理，内藏电视、收纳柜，令其呈现出宛若艺术品的面貌。

1 壁炉的设定在这户人家中并非摆设，是真的可以燃烧取暖的功能物件，是山中住宅对抗潮湿寒冷天气的手段之一；一旁的书柜与壁炉相对称。

2 通过室内不同的自然材质连接户外景观，与环境相依相容，呈现内外无界线的中心思维。

3 由于大露台下方就是别人家的客厅，为了强化老屋的防水功能，采用设置游泳池的做法，铺贴多层玻璃纤维，还花了一周的时间试水，确定不漏后才贴砖。

4 壁炉前的黑色板岩地坪，是用水刀切割出特殊尺寸后拼贴而成，从壁炉前方延伸至户外，成为室内外活动足迹的具象表现。

5 为了让住宅每个角落都能欣赏到最佳"框景"，刻意在平面图阶段讨论良久，把原本破碎、零散的景致、功能整合完整，再加强窗户与户外之间的关系。

After

室内面积：**264.30 平方米**｜原始格局：**3 房、开放厅区、独立厨房、2 卫浴、大露台**｜规划后格局：**2 房 2 厅 2 卫**｜使用建材：**梧桐木皮、橡木实木拼接纹、柚木实木皮、柚木实木地板、户外铁木木地板、天然板岩石材、木纹板模灌浆、特制锈铁、铁件喷漆、清玻璃、明镜、银狐石**

[动 线]

PLUS
立面设计
思考

1 **锈铁包覆中央柱体** | 用强酸腐蚀钢板，使其生出铁锈粉末，便成为"颜料"，再用布使劲推，利用加压方式把铁锈压进钢板中，让铁锈一层层地变硬，推了三天，设计师满意其呈现的纹理后，再用漆涂装表面，才大功告成。

2 **水泥粗模壁炉** | 抽出建筑空间本身拥有的元素，再转化面貌，重新融入住宅当中。特别用不同的木质模板，组构出粗细不同的、特别的线条纹理。

6　设计师将餐桌吧台定调为全家的生活中心，可以同时看见三个方向、最漂亮的动线端景。

7　由餐桌望过去，穿越卧榻即可见到珍贵的保育森林。只从这个角度看，会以为这里只是单纯视觉穿透的动线，但在临窗处其实是属于主卧的小起居间。以界面转换方式，让同一区域具备多元面貌，赋予多层次的功能语汇。

8　餐厅一侧的圆形窗户是原始建筑物保留下来的，外面刚好有一株樱花树，所以我们在这边设定的是——当业主一家人坐在餐桌旁，往这儿看过来就是美丽的樱花树景。

9　主卧地壁皆采用大面积的实木包围，营造出身处山中、被树木环抱而眠的清新画面。

After

3　**真空复层玻璃充填氮气、百叶**　　考量到山中住宅环境恼人的寒冷潮湿的特点，采用真空复层玻璃充填氮气，同时内藏百叶，彻底阻绝湿气、调节光源。

4　**柚木实木皮**　　在卧室门片上的实木皮上面涂上四道漆后，再用砂纸磨掉，留下自然的五六种颜色，呈现出沧桑的陈年视觉感。

5　**黑色天然板岩砖**　　客厅沙发旁的黑色板岩砖为天然石材，粗犷独特的纹理无需任何修饰，也是作为室内呼应户外自然山景的隐喻。

实例破解

04

原格局将空间隔成两个区域，活动范围受局限，形成阴暗长走道，白天也需要开灯

单身超跑迷，拒绝制式格局

文／陈佳歆
空间设计及图片提供／基础设计中心

好格局清单

- ☑ **平效：** 开放式公共空间以高低落差区分空间，以维持视线上的开阔感。
- ☑ **动线：** 斜角度墙面引导动线，同时衔接开放与私密空间。
- ☑ **采光：** 将采光面留给主要空间，并利用活动拉门保持客房开放，让多面窗户引入充足光线。
- ☐ **功能：**

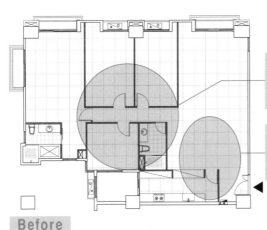

> **NG1▶** 隔间遮住左右采光形成阴暗长走道，白天也需要开灯。

> **NG2▶** 原有格局将空间明显区分，使生活动线及范围受到局限。

NG问题

Before

格局VS设计师思考

空间满足基本需求条件下结合本身兴趣喜好　业主是一位超跑迷，因此空间格局除了满足基本生活需求外，更跳脱制式规矩的轴线将跑车概念引入，创造出结合兴趣喜好并具有动态感受的居住空间。

OK
破解

根据业主需求调整动线	精算尺度引入流畅光线
OK1▶ 移除所有隔间完全依照业主需求重新规划格局，从入口玄关开始就以斜墙引导进入空间。	**OK2▶** 空间墙面角度及收纳尺寸均被详细计算，创造动线与光线的流畅，同时整合不同区块功能。

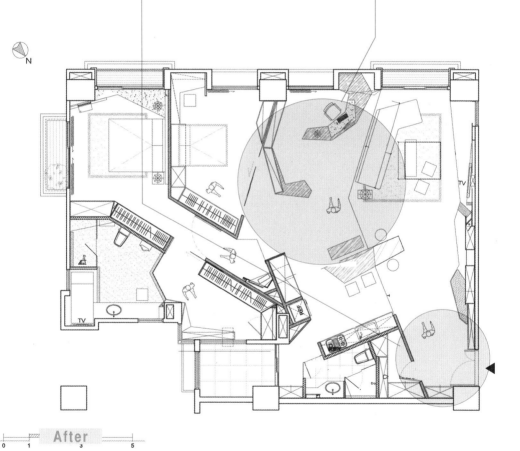

After

0　1　　　3　　　5

改造关键点

1. 将超跑的元素转换为空间设计概念，打破垂直水平的制式格局。
2. 将赛道概念引入空间设计中，创造自由无拘的空间动线。

单身业主对于生活空间的需求除了主卧之外，还要保留一间客房及独立更衣室，但本身是位超级超跑车迷的业主，空间重点反而希望放在能与超跑的各种元素结合上，设计师便在实用功能与视觉美感上取得平衡。整体空间便以超跑元素作为主轴设计细节，打破既定垂直水平的格局观念，将赛道转折概念引入设计中，创造出以斜面角度构成的格局化解冗长的走道。所有墙面角度均经过详细计算，在轴线交会的角度之间纳入不同功能以有效利用面积，公共空间运用高低落差界定区域，以维持空间的开放与充足光源。

PLUS
立面设计
思考

1 运用配色带入超跑
意象

整体配色也脱离不了跑车元素，以法拉利总部的灰、白、红为空间主色调。

2 具科技与速度感的
烤漆与金属材质

立面柜体采用镜面烤漆材质展现跑车般的精致工艺，与平面动线呼应出动态空间感。

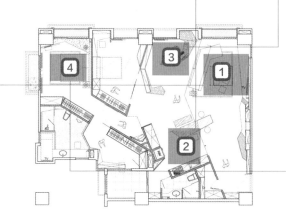

After

室内面积：**165.19 平方米** | 原始格局：**4 房 2 厅** | 规划后格局：**3 房 2 厅** | 使用建材：**钢琴烤漆、钢刷木皮染色、金属烤漆、大理石、花岗石、实木地板、环保涂料**

1 地坪利用材质以及高低落差界定区域，同时以无阻碍的视线营造开阔的空间感受。

2 跑车赛道的概念转化为天花板造型，其他家具及柜体也融入各种超跑元素设计造型。

3 整体公共空间含括客餐厅以及书房以全开放式设计，以展开活动空间的最大尺度。

4 将采光较佳的位置留给主卧，并以斜向走道引导动线进入空间，运用动线变化弱化走道距离感。

3 **滑门设计保有空间弹性** | 单人居住的空间以滑门区隔客房维持平日开放感，同时创造多功能的空间需求，平时不使用时则成为公共空间的一部分。

4 **镂空家具延伸视觉** | 公共空间家具采用镂空设计，借由视线完全穿透延伸使空间呈现轻盈的感觉。

实 例 破 解

05

楼高 2.8 米，贯穿大梁却有 50 厘米，压迫感挥之不去

全家共享度假屋

文／黄婉真
空间设计及图片提供／明代室内设计

好格局清单

☐ **平效：**

☑ **动线：** 开放、环绕型动线让居住成员活动超自由。

☑ **采光：** 室内与大开窗之间虽相隔露台，落地清玻璃介质透光无阻碍。

☐ **功能：**

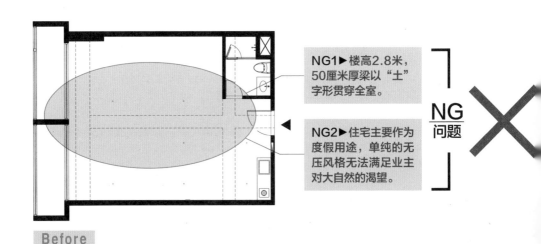

NG1▶ 楼高2.8米，50厘米厚梁以"土"字形贯穿全室。

NG2▶ 住宅主要作为度假用途，单纯的无压风格无法满足业主对大自然的渴望。

NG 问题

Before

格局VS设计师思考

度假功能有别于一般住宅

有别于一般住宅需要功能完备、面面俱到，度假屋需要思考的是"怎么样才能最享受"，放大休闲区域的比例，最好能与环境相结合，令休闲氛围无限延伸。

OK
破解

露台扩增4米，打造休憩泡澡区

OK1▶ 比起室内空间，临窗的露台休憩泡澡区才是度假屋的重点所在，将原本宽度1.2米的阳台，加宽为4米尺度。

水珠造型，转移厚梁压迫感

OK2▶ 用化整为零的概念，在梁下悬挂水珠造型装饰，轻巧的造型能有效转移厚梁带来的压迫感。

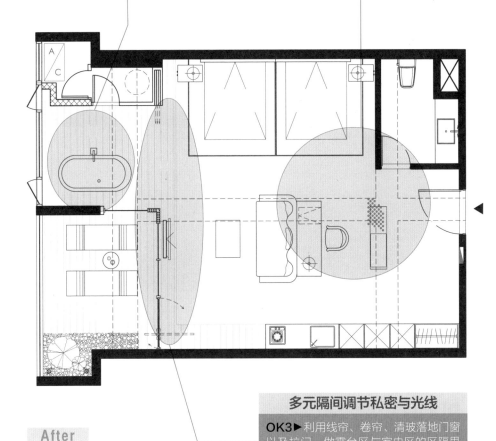

After

多元隔间调节私密与光线

OK3▶ 利用线帘、卷帘、清玻落地门窗以及拉门，做露台区与室内区的区隔界线，可视情况调节密闭程度。

改造关键点

1. 既然厚梁是最显眼的存在，用装饰手法转移视线，让梁身更显轻盈。
2. 度假屋的设计思维有别于一般住宅的空间配比，直接舍弃用不着的厨房空间，拉大露台面积。

[设 计]

[设 计]

[设 计]

82.59平方米的宅邸格局方正，就是"土"字形大梁太扰人！为了消除50厘米梁深造成的压迫感，设计1200颗的水滴造型装饰从玄关入口沿着大梁直到露台泡澡区，视线也会顺势延伸到室外，希望居住者能化身成水珠，亲近自然，与身处的水岸都市内外呼应。而空间配比上，阳台非但不外推还要内缩至4米，突显户外泡澡赏景的休憩情调。露台与室内则主要以落地清玻璃分割，空间有所区隔之余，还能无阻碍地在沙发、床上轻松欣赏到景观与自然光。

PLUS
立面设计思考

1 ABS材质质感、安全兼具

遍布全室的 1200 颗小水珠是采用 ABS 材质与烤漆表面所制成，质感好且色彩细腻、饱和，取代易碎的玻璃，兼顾安全性。

2 壁面文物装饰融入环境

除了外面的美丽淡水窗景，书桌背景墙墙面悬挂当地相关历史、文化的简介、照片及画作，彻底贯彻融入环境的设计概念。

1　众多水滴装饰轻巧地布满玄关入口，沿着大梁直至阳台，视线也顺势延伸到室外，不仅转移梁身过低的视觉焦点，亦让内外关系得以延伸。

2　室内阳台区设定为度假屋的重点位置，铺设木栈道地板，直接紧邻大面积临窗区，占据房子最精华的角落。

3　厅区采取开放式设计，原本的低梁问题，在水滴装饰波浪状悬吊梁下后，成功转移了视觉焦点。

4　厅区利用拉门与卫浴空间区隔、落地清玻璃与阳台界定，继续延伸、连贯两个区域的对外开口，拉宽视觉尺度。

室内面积：82.59 平方米｜原始格局：厨房、一卫、阳台｜规划后格局：1房1厅1卫、露台休闲区、办公区｜使用建材：石头漆、柚木、椰纤地毯、碳化木

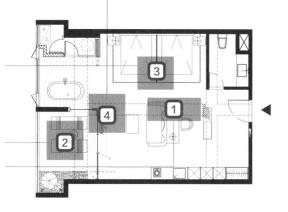

After

3　**透明玻璃做厅区与阳台界定**　厅区利用拉门与卫浴空间区隔、落地清玻璃与阳台界定，继续延伸、连贯两个区域的对外开口，拉宽视觉尺度。

4　**玄关矮柜做入口缓冲**　玄关利用矮柜作为缓冲区，业主与访客可在此舒适地换鞋，同时柜体也兼具界定客厅的作用；由两侧皆可进入的动线，也给与空间极大的自由。

4

多楼层住宅又可分为楼中楼、独栋两种类型，楼中楼的特点在于上下楼的结构增加了空间垂直动线变化，独栋则是将平面发展的格局立体化。一方面，现在多楼层住宅的单层面积通常不大（除非是豪宅），一层规划两三个功能区域就很紧张，如何将公、私区域做出合理的分层规划是重点。而连接的楼梯过道置中或靠边都并非标准答案，要视开窗、周遭环境、功能区域合适的坐向而定。

多楼层

屋型

格局专家咨询

团　　　队

多楼层屋型的3大格局

剖　　　　析

1	**楼梯设计不当，反而造成畸零空间**	有些独栋建筑一进门就是楼梯，反而破坏了原本方正的格局，造成难以规划的畸零角落。有些则是因为楼梯设计不良，早期都是水泥结构，显得笨重又压缩空间。（详见 140 页、142 页、144 页、146 页）
2	**无视成员需求的分层规划**	以独栋建筑来说，越下层使用率越高，相对干扰也较多，适合将出入频繁的成员使用空间规划于此；若将浅眠、怕打扰的家人的使用空间设置在这里就不是很恰当。（详见 170 页）
3	**面积大小失衡**	有些楼中楼多半最上层是顶楼空间，拥有绝佳的视野美景，但面积可能没有下层空间大，然而过去大家还是习惯将下层规划为公共厅区，反倒无法享受最好的光线与景致。（详见 150 页）

翁振民
幸福生活研究院

每次总会提出三种不同格局给业主，认为格局是一个脑力激荡的过程，一个平面有千百种配法，每个配法都是一个不同的故事。

李智翔
水相设计

屡获室内设计大奖，蕴含强大的设计能量，重视光影与立面、材质的变化，持续的创新让每一次设计都让人惊叹。

沈志忠
建构线设计

多次拿下室内设计大奖 TID Award 与国际知名奖项，认为设计是建立在使用者对话、讨论生活琐事的基础上的，透过使用者的文化背景进行整合。

MD **明代设计团队**

拥有 15 年以上的丰富经验，着重将户外环境与居住者生活形态作为格局思考的要点，加上其自然素材与设计手法的呈现，作品经常让人有舒压的感觉。

楼梯位置

文／郑雅分　空间设计及图片提供／禾筑设计

问题	**楼梯横挡，形成暗房且通风困难**

破解	**楼梯移位，化为空间艺术装置与动线主轴**

这栋超过15年的双楼层长屋因仅有前后采光，加上一楼被3房2厅的繁琐隔间墙切分殆尽，使得每个房间都是暗房，设计师笑称只有后阳台楼梯处是全室通风与采光最好的地点。为了破解原先的格局，设计师决定变更楼梯位置，并将楼梯扩展为天井，让地下室的视线更为穿透，也引入些许光线；改善地下室的阴暗问题后，再依业主的生活习惯将客厅、视听间等功能结合，创造出可与家人、好友轻松坐卧、唱歌、看影片的起居空间。至于一楼则以开放餐厨区与前后畅通的直向动线，搭配老人房与主卧室，展现清爽又有型的个性格局。

室内面积：**191.62 平方米** │原始格局：**3 房 2 厅** │规划后格局：**玄关、3 房 2 厅、书房** │居住成员：**三代同堂**

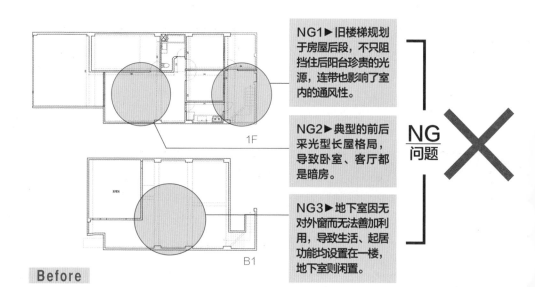

NG1▶旧楼梯规划于房屋后段，不只阻挡住后阳台珍贵的光源，连带也影响了室内的通风性。

NG2▶典型的前后采光型长屋格局，导致卧室、客厅都是暗房。

NG3▶地下室因无对外窗而无法善加利用，导致生活、起居功能均设置在一楼，地下室则闲置。

NG 问题

1F

B1

Before

OK
破解

双进式玄关成功引入前方光源

OK1▶ 一楼玄关动线为双进式设计，以铁件搭配夹纱玻璃及清玻璃的双层门片设计，尽可能地让光线进入室内，同时也提升了空间层次与穿透感。

放大梯间作为天井，并将楼梯视为艺术装置

OK2▶ 楼梯移至房子的中心处，且将之定义为家的艺术装置，设计上特别注重楼梯的视觉线条与律动美感，让居住成员可以随时享受空间的穿透感。

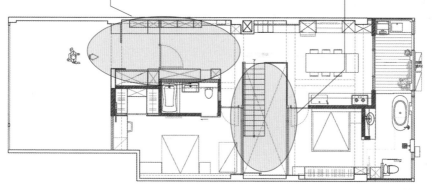

1F

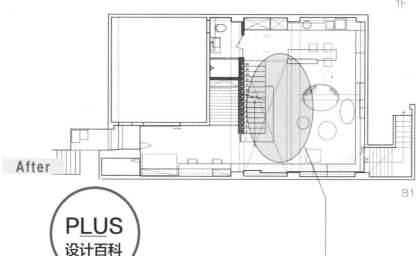

After

B1

PLUS
设计百科

薄板岩与灯光构画出信仰图腾

巧妙运用挑高达二层楼的梯间做主墙端景，借由四大片薄板岩与光源设计出十字架图腾，让信仰虔诚的业主相当喜爱，并为黑色建材环绕的空间营造出温暖、自然的氛围。

前后畅通的直线动线设计

OK3▶ 由于客厅已移至楼下，一楼的格局相对宽松许多，因此设计时特意将房间与楼梯、厨房均配置于同一侧，使人与气流、光线的动线均可成直线进行，不须转弯、受阻。

平 面 图 破 解

楼梯位置

文／许嘉芬　空间设计及图片提供／奇逸空间设计

问题	楼梯在入门角落，光线差、动线不佳
破解	**楼梯移往邻近客厅，采光明亮，视野开阔**

位于四、五楼的这间房子，虽拥有视野极佳的户外阳台，但楼梯却位于入门处角落，设计师把楼梯迁移到邻近客厅的区域，且在不影响结构梁柱的情况下，切开楼板，用白色钢骨楼梯串联楼上、楼下。巧妙利用梯下空间，设置电视墙与开放式展示书架，满足生活功能。楼地板挑空的设计，加上悬浮的楼梯踏阶，使得采光变好。楼下开放式的客、餐厅与户外阳台动线连成一体，利用大片落地窗作为室内与户外的空间区隔，营造绝佳视野，让室内采光明亮，且在视觉上也更开阔。

室内面积：**221.35 平方米** │ 原始格局：**3 房 2 厅** │ 规划后格局：**2 房 2 厅、书房** │ 居住成员：**夫妻、1 子、1 女**

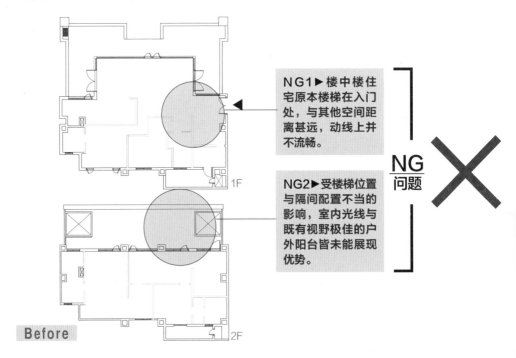

NG1▶ 楼中楼住宅原本楼梯在入门处，与其他空间距离甚远，动线上并不流畅。

NG2▶ 受楼梯位置与隔间配置不当的影响，室内光线与既有视野极佳的户外阳台皆未能展现优势。

NG 问题 ✕

1F

2F

Before

OK
破解

玻璃隔间拉近室内外距离	调整楼梯位置，移至左后方
OK1▶ 开放式客、餐厅及户外吧台连成一体，利用大片玻璃窗与户外阳台作为空间区隔，让采光变佳，视野更好，空间也变得更开阔。	**OK2▶** 在不影响结构梁柱的情况下，切开楼板，把楼梯移位，白色钢骨楼梯串联起楼上与楼下，悬浮的踏阶设计让光线自然穿透。

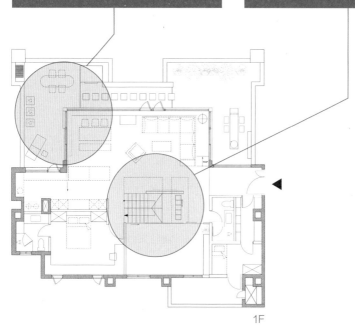

1F

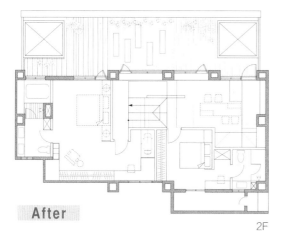

After

2F

PLUS
设计百科

阶梯结合工作桌的复合功能

楼上利用通往顶楼的阶梯和长形工作桌，打造一个不受打扰的工作区，满足作为服装设计师的业主的需求，并利用玻璃楼板作为走道，使得光线得以引入楼下。

平 面 图 破 解

楼梯位置

文/张丽宝、许嘉芬 空间设计及图片提供/艺珂设计

问题	楼梯在中间太占空间，房间都变得很小

破解 楼梯移到左后方，提高每个楼层使用平效

虽然是三层楼的透天别墅，但是实际上每一层的面积都不大，不但原来的格局不符合现况的需求，楼梯的位置也很占空间，位于房子的中间使得空间显得零碎，反而让每个房间都变得很小。因此设计师首先将楼梯挪移至左后方角落，对一楼公共厅区来说也较具隐私性，对二、三楼私人区域而言，则是多了起居室和功能更完善的大主卧室，让单层空间发挥最高的使用效益。

室内面积：**264.30平方米** | 原始格局：**5房1厅** | 规划后格局：**4房2厅、和室** | 居住成员：**夫妻、1子、1女、长辈**

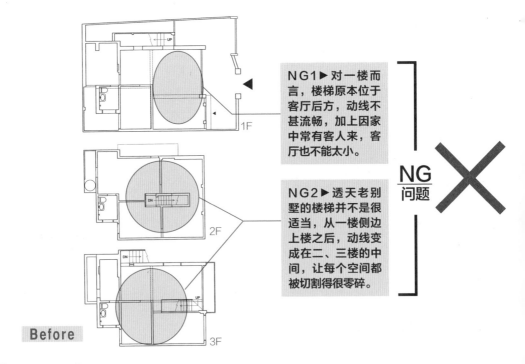

NG1▶ 对一楼而言，楼梯原本位于客厅后方，动线不甚流畅，加上因家中常有客人来，客厅也不能太小。

NG2▶ 透天老别墅的楼梯并不是很适当，从一楼侧边上楼之后，动线变成在二、三楼的中间，让每个空间都被切割得很零碎。

NG 问题 ✕

Before

1F

2F

3F

OK
破解

调整楼梯位置移至左后方

OK1▶ 将楼梯移往房子的左后方，让每一个楼层的空间都可以获得更为完整的利用，二楼除了可配置两间卧室还可以规划休闲区域，而三楼大主卧功能也相当完善。

开放大厅区接待亲友

OK2▶ 楼梯挪至空间一端，退让出开阔方正的公共空间，以开放式设计手法连接客厅与餐厅，电视墙后方增设多功能和室，厨房也以拉门与餐厅连接，打造多元弹性的休闲聚会角落。

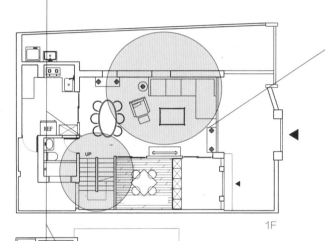

1F

2F

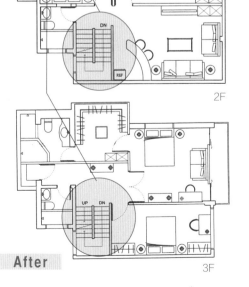

After

3F

PLUS
设计百科

二进式玄关营造大宅气势

一楼入口规划出大玄关，并以拉门与公共厅区作为区隔，形成二进式玄关，让人一进门就感受到大宅的气势。

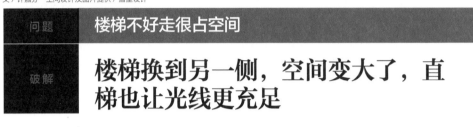

平 面 图 破 解

楼梯位置

文／许嘉芬　空间设计及图片提供／彗星设计

问题	楼梯不好走很占空间
破解	楼梯换到另一侧，空间变大了，直梯也让光线更充足

这间房子属于5.2米高度的楼中楼，可惜的是原始装潢时将上层空间塞满了隔间，造成压迫感，毗邻卫浴而设的楼梯间也非常幽暗、难走。因此，设计师将局部上层拆除，突显出挑高面的上、下大面窗景，加上楼梯移至挑高侧边，通过横、纵向的变更设计，光线变得更好，空间也放大开阔许多。

室内面积：**82.59 平方米**｜原始格局：**3 房 2 厅**｜规划后格局：**2 房 2 厅、储藏室**｜居住成员：**1 人**

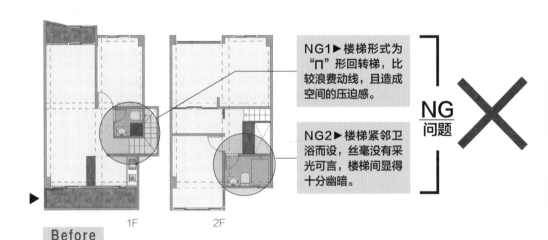

NG1▶楼梯形式为"ㄇ"形回转梯，比较浪费动线，且造成空间的压迫感。

NG2▶楼梯紧邻卫浴而设，丝毫没有采光可言，楼梯间显得十分幽暗。

NG 问题 ✕

1F　　2F

Before

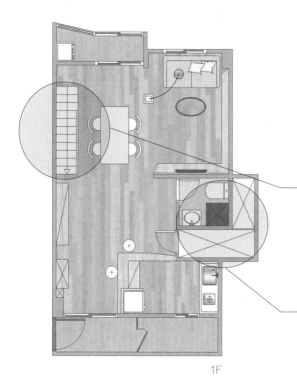

1F

楼梯移位，动线好顺畅

OK1▶ 将楼梯的位置转换至房子的另一侧，并且变更为更简单的直梯设计，缩短了上楼的动线，也不怎么占空间。

楼梯变储藏室，收纳空间无限多

OK2▶ 拆除原楼梯之后的空间，巧妙规划为双进式动线的L形储藏室，无形中为小面积空间创造了丰富的收纳功能。

搭配挑空设计，梯间好明亮

OK3▶ 楼梯旁的空间改为挑高餐厅区域，包括二楼卧室隔间也选用玻璃材质，使得楼梯、室内光线十分充足。

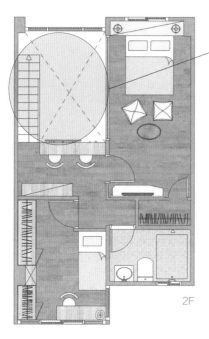

2F

After

PLUS
设计百科

白色钢骨镂空楼梯更轻巧

楼梯结构采用钢骨施作，埋入结构墙体内，提升稳固性，骨料采用白色烤漆处理，搭配镂空的踏面设计，使楼梯更显轻巧利落。

平 面 图 破 解

楼梯位置

文／黄婉贞　空间设计及图片提供／虫点子创意设计

问题	**两层楼的二手房屋，新开设楼梯位置如何取决**

破解	**一字形楼梯移至中央靠墙与案桌整合**

上下两层的住宅，下层主要是老母亲的使用空间，上层则是业主夫妻与孩子的活动区域，为了能就近照顾长辈，需配置新的室内楼梯连接两个楼层。楼梯本身位置除了不能阻碍动线，还要与格局融为一体，令其不单是连接楼层的量体，还是空间装饰的一部分，这成为对设计师的一大考验。此外，由于上下层格局相同，皆为"冂"形，要配合动线的合理性，直接分隔出明确的厅区与寝区。而狭长的公共空间只有两侧开窗，中段阴暗更是无法避免的问题。

室内面积：**198.23 平方米** | 原始格局：**6 房 3 厅 4 卫** | 规划后格局：**5 房 3 厅 4 卫** | 居住成员：**夫妻、1 子、1 女**

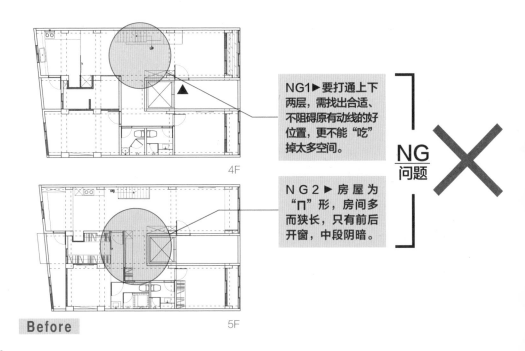

NG1▶要打通上下两层，需找出合适、不阻碍原有动线的好位置，更不能"吃"掉太多空间。

4F

NG2▶房屋为"冂"形，房间多而狭长，只有前后开窗，中段阴暗。

NG问题 ✕

Before　5F

OK
破解

一字形楼梯避免压缩空间

OK1▶ 为了减少占据的面积，采用一字形楼梯，此外还需将其与案桌整合在一起，因此将楼梯定位于楼下公共厅区一侧的中央靠墙位置。

开放与穿透设计，光线盈满全室

OK2▶ 在长形的客、餐厅和厨房等公共厅区，区域中间不设置立面量体阻隔光源，从而保持视线穿透。上下两层的厨房、书房侧，采用玻璃拉门区隔，保障光源可以借光至餐厅甚至客厅处。

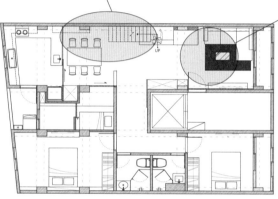

4F

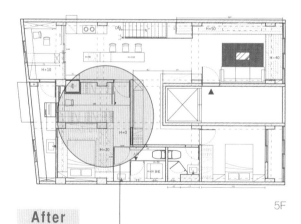

5F

After

按照使用频率设定卧室尺度，提升使用效能

OK3▶ 合并楼上的两间小房间，改成主卧、更衣室。楼下客房反而缩小空间，另行隔出一个独立储藏室。

PLUS
设计百科

镂空悬浮楼梯更轻盈

采用的一字形楼梯因为占据了楼下公共区域中央的位置，所以要力求简洁美观。设计师精心规划了镂空悬浮的踏板台阶，为求安全，先将墙壁挖出沟槽，再将铁件龙骨植入墙内，钢筋要焊死，铁件外面则用木作包覆。一旁除了铁件扶手外，辅以强化玻璃加强安全性。

平 面 图 破 解

无视成员需求的分层规划

文／许嘉芬　空间设计及图片提供／幸福生活研究院

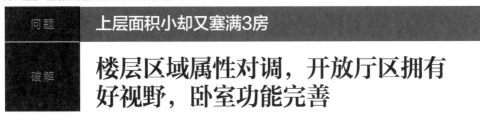

问题	上层面积小却又塞满3房
破解	楼层区域属性对调，开放厅区拥有好视野，卧室功能完善

这个楼中楼住宅，最上层为顶楼，拥有三面采光的好条件，而且户外视野极佳，可眺望山景，一般楼中楼通常将下层规划为公共厅区，上层才是私人区域。然而以这间房子来说，上层的景观反而是最好的，加上业主仍需要3房配置，上层面积略小，每一个房间分配到的空间有限，主卧室也无法拥有独立卫浴，因此，设计师将上、下楼层属性翻转，公共厅区宽阔明亮，私人区域又能获得完整配置。

室内面积：**142.06 平方米**｜原始格局：**4 房 2 厅**｜规划后格局：**3 房 2 厅、储藏室**｜居住成员：**夫妻、2 子**

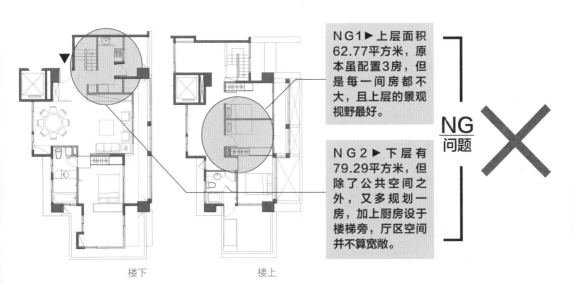

NG1▶ 上层面积62.77平方米，原本虽配置3房，但是每一间房都不大，且上层的景观视野最好。

NG2▶ 下层有79.29平方米，但除了公共空间之外，又多规划一房，加上厨房设于楼梯旁，厅区空间并不算宽敞。

NG 问题 ✕

楼下　　　　楼上

Before

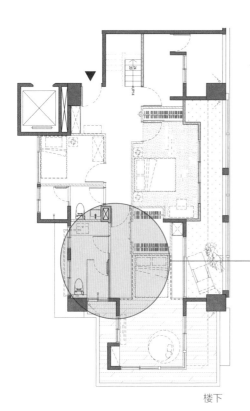

楼下

OK
破解

私人区域移至下层，
增设双卫与更衣间

OK1▶ 楼层属性上下截然不同，下层重新整顿规划出3房，主卧室得以拥有更衣间和卫浴，原客餐厅则改为两房配置，又能再增加一间卫浴，楼梯旁的厨房则变成洗衣房。

无隔间厅区，
尽享高楼美景与日光

OK2▶ 将全家人使用最频繁的公共厅区移至上层，所有隔间予以拆除，客厅与露台连成一体，另一边的餐厨区也与户外阳台相邻，凭借三面采光的优势，光线明亮充足。

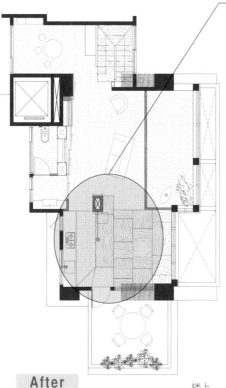

After

楼上

PLUS
设计百科

架高和室，是餐桌也是座椅

移至二层的公共厅区，餐厅舍弃一般餐桌家具配置，而是采用架高和室结合升降桌的做法，既可当餐桌用，平常又是赏景休憩区，一方面与吧台相邻，巧妙设置高度，和室高度就能兼具吧台椅功能。

文／许嘉芬
空间设计及图片提供／水相设计

实 例 破 解

01

大宅塞满房间，
动线迂回像迷宫，阴暗又拥挤

夫妻＋两个小孩，着重居家休闲娱乐

好格局清单

- **平效**：开放穿透＋垂直视野，宽阔感大两倍。
- **动线**：自由平面动线，既私密又开阔。
- **采光**：开大窗＋天井＋挑空楼板，日光流转至每个角落。
- **功能**：跑步健身、SPA、BBQ全满足，回家就像度假。

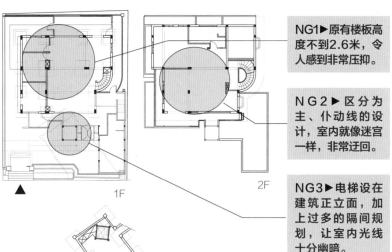

▲ 1F

2F

Before B1

NG1▶原有楼板高度不到2.6米，令人感到非常压抑。

NG2▶区分为主、仆动线的设计，室内就像迷宫一样，非常迂回。

NG3▶电梯设在建筑正立面，加上过多的隔间规划，让室内光线十分幽暗。

NG问题 ✕

格局VS设计师思考

无谓且多余的隔间配置　原始一楼公共厅区多为独立封闭的设计，完全无法感受到单层将近230平方米的空间感，且业主对于休闲、娱乐生活格外重视，如何满足功能与开阔感是关键。

OK
破解

拆除电梯引入大面光线

OK1▶ 舍弃正立面的电梯，以两道长约15米的白色长向水平开窗，将基地的采光绿意引入屋内，同时模糊室内外空间的定义。

楼板挑空开拓视野

OK2▶ 通过4 m×4 m的楼板开口，创造出垂直延伸的视觉感受，不但能使空间更为开阔，也加强了两楼层的关联性。

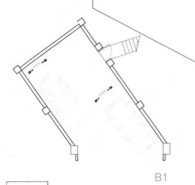

B1

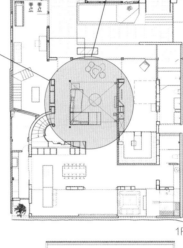

1F

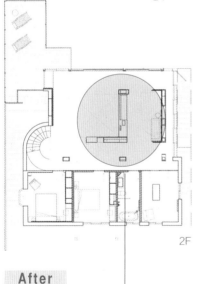

2F

After

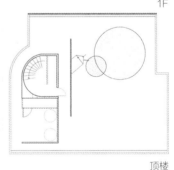

顶楼

简化动线创造自由平面

OK3▶ 一楼除主卧室之外，大多维持着开放与穿透形态，二楼甚至采取回字动线，带来宽广的空间视野。

改造关键点

1. 重新思考建筑与外在环境的连接，借由框架结构和玻璃材质的表现，结合室内几处天井的设计，改善光线亦带来绿意的环绕。

2. 奉行现代主义建筑的精神——"自由平面"与"流动空间"，拆除过多的隔间，加上楼板开口所呈现的挑空感，解决了光线问题，增加了空间感。

153

[材 质]

[设 计]

绿意围绕的独栋住宅，以现代主义的建筑精神——"自由平面"与"流动空间"为主轴，通过简单的立面与精致的材质，建构出与环境相融且能呈现光影层次的纯粹美感。建筑体正面覆加延伸的正方体串联室内外空间，通过镜面不锈钢材质融合外在环境与建筑，反射蓝天白云、翠绿山景，产生画作般的效果。室内格局重新顺应业主需求，以及光线、空间感的修正而调整，回字开口的挑空设计，视觉获得垂直的延伸，巧妙的立面规划，带给每一个空间看似独立却又开放宽敞的动线。

After 1F

① 客厅选用干净的莱姆石，与意大利进口瓷砖地面相互呼应，简单的分割展现 L 形的横向张力。

② 建筑立面采用镜面不锈钢，搭配长达 15 米的大面开窗，让整个建筑立面呈现纯粹干净的样貌，不锈钢还能反射外在美景。

③ 中岛餐厨与 SPA 区相邻，SPA 区采取格栅拉门，结合上端天井的日光照射，关起拉门时创造独特的格栅光影，打开时又能欣赏植生墙，有如置身于大自然一般。

④ 贯穿一、二楼的墙面以卡拉拉白大理石铺陈，独特的斜纹纹理加上分割沟缝处理，好似泼墨画作。

室内面积：**726.83 平方米**｜原始格局：**4 房 1 厅**｜规划后格局：**3 房 2 厅、健身区、SPA 区、书房**｜使用建材：**花岗石、页岩、卡拉拉白大理石、马鞍石、莱姆石、镜面不锈钢、意大利进口砖、玻璃**

[动 线]

[材 质]

[设 计]

[材 质]

[风 格]

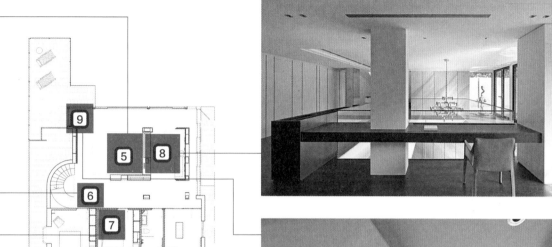

After

2F

5 4 米 ×4 米的楼板开口，刻意露梁，梁的连续性成为空间最有力道的线条，也带来空间的延伸感。

6 原始建筑二楼存留的五个柱体，在邻近白墙的两个柱体，以不锈钢与卡拉拉白大理石包覆处理，将看似突兀的量体转化为如装置艺术般的立面。

7 二楼儿童房以现代简约为原则，染白木皮背板多了分自然温馨的感受。

8 二楼回字形动线下，融入开放式书房，回应现代建筑主义的自由平面精神，看似简洁的立面分割当中，隐藏卧室与卫浴的入口。

9 原始封闭的实墙予以拆除，让廊道底端与户外也有所连接，除了获得日光美景之外，加入艺术品的装饰也带来端景的陈列。

[材 质]

[设 计]

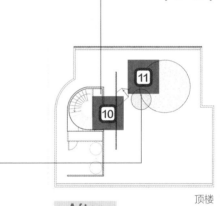

After

顶楼

⑩ 屋顶花园运用消光铝作为格栅，创造出花园的廊道，也可控制采光。

⑪ 平顶式的屋顶花园延续建筑体矩形块状的简洁利落，如装置艺术般的牛奶盒（洗涤槽用途）翻洒泄出一滩的青草，为现代主义洒下幽默的语汇。

PLUS
立面设计
思考

1 贯穿两层楼的大理石墙

以卡拉白大理石墙连接一、二楼关系，特意挑选的斜纹纹理，加上五等分的分割处理，石材间留 2 厘米 ×2 厘米沟缝埋入铁件，不但增加细致度，也让每一片石材更为立体，宛如四幅长形画作。

2 简洁纯粹的莱姆石墙

电视主墙为了与地面有所跳脱，选用纹理更为干净纯粹的莱姆石，在最大尺度的分割铺贴之下，转折延伸至后方 SPA 区域内，因而突显立面的横向张力，莱姆石墙的分割之下更隐藏通往主卧室的入口。

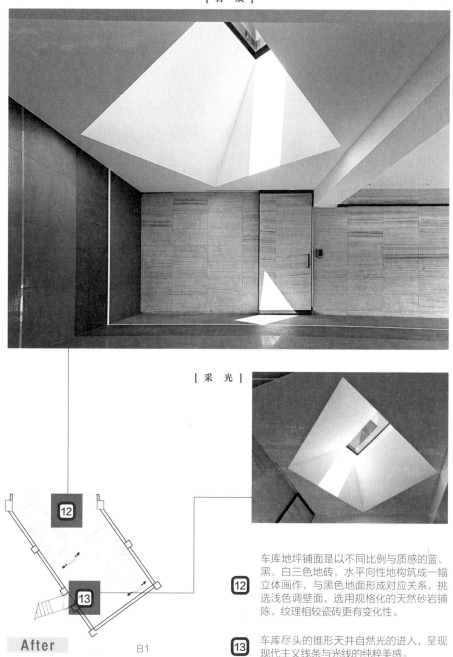

[材 质]

[采 光]

After   B1

12 车库地坪铺面是以不同比例与质感的蓝、黑、白三色地砖，水平向性地构筑成一幅立体画作，与黑色地面形成对应关系，挑选浅色调壁面，选用规格化的天然砂岩铺陈，纹理相较瓷砖更有变化性。

13 车库尽头的锥形天井自然光的进入，呈现现代主义线条与光线的纯粹美感。

3 如水墨画的自然风貌

建筑外观选用板岩材质拼贴，摒弃过于现代、人工的手法，而是以简单的立面设计构筑，即便是下过雨的天气，板岩上所形成的水渍，更有如水墨画般的效果。

4 兼具隐私与气候考量

矗立在水池后的雪白蒙卡花岗石，拥有一般花岗石少见的石材纹理，又比大理石更好保养，更适合使用在户外空间，简化多余的分割，展现完整大气的样貌。

实例破解

02

20年老屋采光条件不佳，格局配置不当空间使用效率无法发挥，影响居住生活品质

男主人偶尔会在家工作，也喜欢听音乐

文/陈佳歆
空间设计及图片提供/孙立和建筑师事务所

好格局清单

- ☑ **平效：** 根据生活需求与习惯重新调整空间布局，理出空间关系与逻辑，创造多元生活区域。
- ☑ **动线：** 借由主卧与客用卫浴的调整创造自由的循环动线。
- ☑ **采光：** 加大采光面积，让室内视景能看到窗外绿林，穿透设计与材质运用使阳光能透入空间。
- ☐ **功能：**

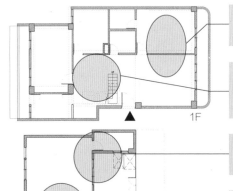

NG1▶ 偏长形老屋采光面在短边，使得空间不够通透明亮。

NG2▶ 餐厅位于楼梯下方，给人幽暗压迫的感觉，因此大部分时间都在客厅用餐。

NG3▶ 杂物多但收纳空间不够，整体空间显得拥挤凌乱。

NG4▶ 格局配置不当，使空间使用率未被发挥出来，影响生活品质。

NG问题 ✕

1F
2F

Before

格局VS设计师思考

以业主特质调整布局创造空间新价值

居住成员结构为夫妻与两个上大学的小孩，除单纯的3房需求之外，其他空间则规划为休闲生活区域，调整空间布局，下方楼层改为2房，使主卧功能更加完善，也创造出更便利、舒适的餐厨空间，上方楼层除了配置另一间儿童房外，为男主人规划聆听音乐的视听空间。

OK
破解

整并下层双卫浴，可独立又能共享

OK1▶整并下层双卫浴，可独立又能共享。挪移次卧到上方楼层，运用原空间位置增加更衣间并加大主卧卫浴，同时整并客用卫浴以动线串联，使家人仍能共同使用。

挪移主卧门位置与形式，光线透入室

OK2▶挪移主卧室门位置与形式，光线更能透入室内。改变主卧室门位置至外侧窗边，利用滑门设计展开室内对外视野，阳光也能更全然地由外透入室内空间

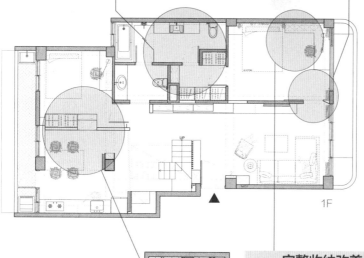

1F

完整收纳改善生活品质

OK3▶业主在卧室需要有阅读空间，将阅读区单独安排在邻窗位置，以提供采光与景致皆备的舒适阅读区域，同时增设收纳柜以便收整资料及文件。

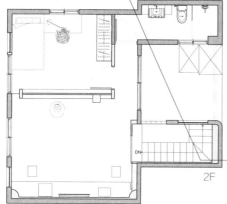

2F

After

缩小次卧放大餐厨

OK4▶将次卧使用面积收缩至适当大小，让紧邻的厨房有足够的空间能纳入餐厅，以玻璃滑轨门进行弹性区隔，以隔绝烹饪产生的油烟。

改造关键点

1. 加大采光面积，以能看到窗外绿景，同时增加自然光透入室内空间的范围。
2. 重新配置上下楼层空间布局，减少封闭感，提升生活品质与质感。
3. 增加收纳位置，创造条理分明、具有生活逻辑及层次关系的居住空间。

[采 光]

[采 光]

[设 计]

此案为早期电梯住宅，偏长形空间且开窗位置位于短边，不但采光条件不佳，也因为原始格局配置不妥无法欣赏窗外景致，家人共同生活的公共空间被卧室围绕显得较为封闭，设计师从原有使用空间进行调整，提升居住的舒适度、通风采光。楼梯以及房间位置并没有大幅度变动，而是根据生活习惯调整空间布局，主卧以拉门设计展开对外视野并增加采光，将次卧挪置上方楼层，并以原本位置改造为动线能循环串联的主、客双用卫浴，同时增加主卧更衣空间，也为有阅读习惯的男主人在主卧安排面窗而坐的阅读区域；另一间次卧则缩减至适合休憩的大小，将空间让给餐厨房使用，创造一个家人能舒适用餐、交流情感的完整餐厨空间。

PLUS
立面设计
思考

1 **玻璃砖墙面引入更多采光**　　与楼梯衔接的上方楼层墙面局部嵌入玻璃砖，为梯间引入更充足的光线。

2 **格栅屏风界定玄关带来穿透效果**　　大门入口与梯座位于空间中段位置，以格栅式屏风界定玄关区，视觉也能延伸穿透，也有助于前后段空间的空气流通与采光。

1F

2F

After

室内面积：**148.67 平方米** | 原始格局：**3 房 2 厅** | 规划后格局：**3 房 2 厅** | 使用建材：**白橡木厚皮喷砂、鸡赤木厚皮喷砂、硅藻土、金属烤漆、环保木漆**

① 为加大采光面积将主卧室门移置窗边，并以滑门设计让平日开门时视野能扩展延伸，更能感受窗外的绿树景致。

② 整并原本传统的厨房及部分次卧空间，构成一个完整的餐厨房空间，开阔明亮的空间让家人拥有舒适的用餐感受。

③ 将原本卫浴与次卧整合放大，改善原本卫浴无采光的问题，通过循环动线的设计，提升使用的灵活度。

④ 在主卧面窗位置规划阅读区，窗外的绿意与光线能提供更舒适的阅读感受，同时搭配收纳柜来收整零散文件。

⑤ 更改串联上下楼梯的形式，运用金属材质创造穿透式营造轻量化的视觉感，也利于上方楼层的采光。

3 **厨房滑门阻隔热炒油烟** | 由于女主人习惯中式烹饪，因此餐厨房空间运用玻璃滑门防止热炒油烟窜出，后方采光也使整个后段区域通透起来。

4 **温润木材质陈述业主特质** | 整体设计以温润自然的素材铺陈，材质本身的温度与和煦光线交织出与业主个性相符的人文氛围。

实 例 破 解
03

格局使空间切割较零碎，光线无法通透，且形成过多走道产生压迫感

单身一人住，空间要有弹性

文 / 陈佳歆

空间设计及图片提供 / 基础设计中心

好格局清单

- ☑ **平效**：滑动玻璃门取代了传统墙壁，家电管线也分配到四周壁面及柜体，以达到室内完全开放。
- ☑ **动线**：利用楼梯位置挑空局部楼板来衔接两层楼动线与视线，利用活动式拉门设计创造动线最大自由度。
- ☑ **采光**：无隔间全开放式空间让自然光透过四周巨幅窗户充满室内。
- ☐ **功能**：

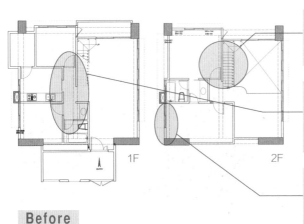

1F　　　2F

Before

NG1▶ 上下两层关系只依靠楼梯串接彼此。

NG2▶ 空间被隔间切割得过于零碎，形成过多走道产生压迫感。

NG3▶ 靠窗卧室格局使透入光线有限，空间不够明亮。

 NG 问题

格局VS设计师思考

空间能随居住成员增减保有弹性　业主希望房间数量能依据居住成员的增减或其他使用需求，随时保有调整弹性，因此彼此空间尽可能保持通透，在视觉上也不要有任何多余的阻隔。

OK
破解

楼板挑空创造宽敞度

OK1▶挑空局部楼板以楼梯衔接两层楼，创造出空间丰富的层次感，视觉呈现上也更为宽敞。

弹性与穿透门片设计，动线可延伸

OK2▶以拉门及玻璃门取代传统隔间墙，使空间的使用更具灵活性，同时使动线不受阻碍。

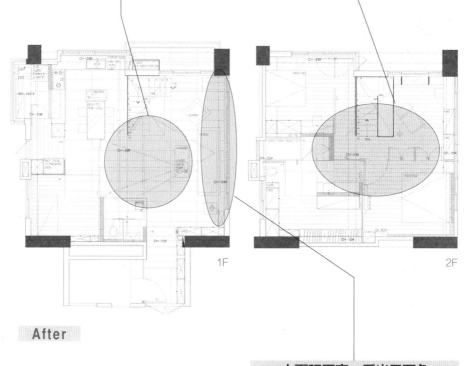

1F

2F

After

大面积开窗，采光无死角

OK3▶全开放式空间设计搭配大面开窗及穿透材质，大幅提升空间采光面积。

改造关键点

1. 整合零碎格局以消减过多走道，同时引入自然光线减少空间压迫感。
2. 串联垂直水平动线，创造空间的最大使用自由度。

[动 线]

[采 光]

拥有多面采光的方正双楼层住宅，原本规矩的隔间让空间无法展现应有的优势。
在楼梯位置利用局部挑空楼板的手法，强化上下楼层的关系，以纯白亚克力打造
的楼梯不但串联楼层，具有穿透感的悬浮设计更能与整体空间融合。一楼空间采
用全开放式设计，运用地板材质的变化区分了公私区域，黑色部分为客餐厅等公
共区域，而采用温润木质地坪的则是私人区域。二楼整层规划为开放式的私人空
间，空间皆以楼梯为中心围绕配置，由于业主希望房间数量能随使用成员的增减
随时保有弹性，因此采用滑动玻璃门取代传统墙壁，灵活的隔间与周围的大面开
窗，让空间自然光充足、通透明亮。

1 借由楼梯位置挑空局部楼板，并用锈蚀铁件向上延伸以衔接两层楼之间的关系，以材质创造出多层次的空间感。

2 开放式空间设计使得原本被隔间阻挡的光线能透过大面开窗而充分进入。

3 采用纯白亚克力打造的楼梯，兼具时尚感与功能性，轻盈的量体转折而上成为空间的视觉焦点。

4 部分家具是由 TBDC 设计师亲自规划设计的，厨房以纯手工订制的不锈钢柜体，搭配银狐台面打造而成。

[设 计]

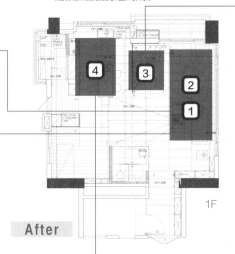

1F

After

室内面积：**313.86 平方米**｜原始格局：**4 房 2 厅**｜规划后格局：**2 房 2 厅、健身区、SPA 区、书房**｜使用建材：**复古面石材、银狐石、养锈铁件、纯白亚克力、镀钛钢板**

[厨 具]

[材 质]

[材 质]　　　　　　　　　　　[材 质]

PLUS
立面设计
思考

1 滑门、折门创造
空间多种可能

整体空间几乎没有实体隔墙，皆以拉门及折门取代，使空间使用面积被扩展到
最大，也创造出更多元的空间以便使用。

2 镜面光感材质
营造空间时尚感

空间立面大量采用具有反光特质的材质，与利落的线条共构出现代极简的时尚
风格。

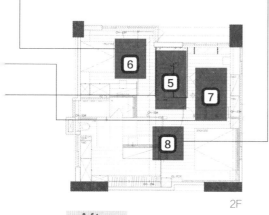

2F

After

⑤ 地板利用材质的变化区分出公私区域，黑色部分为公共区域，采用木质地坪的空间则是私人区域。

⑥ 以清玻璃围塑的透明扶手减弱上下两层空间隔阂的同时，也柔化了空间线条。

⑦ 二楼全楼层规划为开放式的私人寝居空间，所有空间功能全都围绕楼梯挑空位置配置。

⑧ 将隔间设计成活动式拉门，能满足各种不同的生活需求，也使水平与垂直动线的通透度达到最大化。

3 **质感冲突让锈蚀铁件融入**　在楼板挑空位置以锈蚀铁件装饰从1楼往上延伸至2楼天花，不但在视觉上衔接两层楼，粗犷的质感与抛光的材质也形成了冲突美感。

4 **黑白对比展现业主个性**　灵活的空间功能满足业主的生活需求，强烈的黑白对比配色与金属材质的线条勾勒，不经意间展现出业主的喜好与个性。

实例破解

04

必须适应截然不同的生活作息、协调彼此的生活步调

退休夫妻向往有度假般的居住空间；两名子女忙着工作、读书

文／黄婉贞
空间设计及图片提供／明代设计

好格局清单

- ▣ **平效**：舍弃一间房间（1F）、一间卫浴（2F），换来宽敞的大餐厅与孩子的起居室。
- ▣ **动线**：缩小一楼客厕，令公共区域更顺畅。
- ▣ **采光**：打开夹层，3、4楼夹层共享自然光。
- ▣ **功能**：3、4楼夹层包含睡寝、书房、沐浴、静思区，多功能合一。

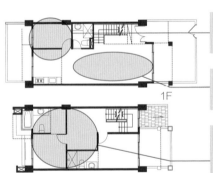

1F

2F

3F

Before

NG1▶一楼房间狭小，做主卧易受干扰、使用不便。

NG2▶现有一楼公共空间过于狭长，业主想要开阔的客、餐厅空间。

NG3▶二楼为双套房形式，不仅子女间无法互动、没有足够的阅读空间，当各自的私人访客来时，也没有适合的招待场地。

NG3▶三楼单一平面功能不足又一览无遗，无法令业主夫妻宛若度假般地待上一整天；两人从事各自休闲活动时也会彼此干扰。

NG问题

格局VS设计师思考

住宅要能独立又能共享

一楼是全家使用的公共厅区，但原有的狭长客餐厅空间，当四个成人同时使用显得相当局促，更不要说宴请亲友。二、三楼则分属于小孩与父母的私人空间，不同阶段的两代成员需求迥异，要从各自的生活习惯入手，才能有更贴心的起居规划。

OK
破解

开阔厅区以拉门做隔间

OK1▶拆除一楼厨房与相邻房间隔断，将原本位置整合规划为厨房中岛区、餐厅、餐柜，利用棕榈叶剪影锻铁玻璃拉门，作为与客厅的灵活隔断。

客浴缩小退让出餐厅空间

OK2▶简化一楼客厕，省去用不到的淋浴间，将客厕内缩得比楼梯间稍小，挪移出更为方正开阔的餐厅区域。

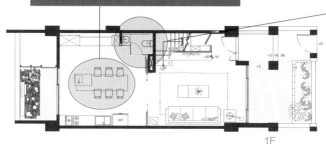

1F

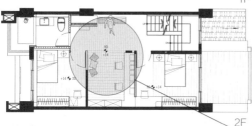

2F

拆一卫获取书房兼起居室

OK3▶以移除二楼一间卫浴作为代价，让两个房间中央位置转作为书房兼起居间，使两个孩子有共同的公共区域作为阅读、待客空间。

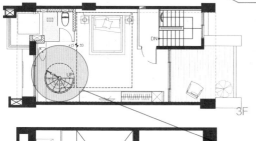

3F

回旋梯连接挑高主卧，制造度假氛围

OK4▶打开四楼阁楼作为三楼的夹层使用，用美丽的回旋楼梯连接，让原本单调的平面空间顿时立体了起来，拥有寝室、户外露台日光区、泡澡浴室、临窗平台以及阁楼上的静思区，活脱脱成为梦幻的度假屋！

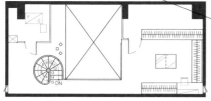

After　　　　　　　　阁楼

改造关键点

1.将父母与孩子们的房间以楼层分割，并设有各自的起居间；一楼则为客厅、餐厅、厨房等公共厅区。

2.打开四楼夹层使其成为父母专属的度假屋，呈现开阔的开放式空间，夹层设置独立的静思区，无论夫妻俩共享或独立使用都很自在。

[材 质]

[材 质]

[通 风]

3层楼宅邸加上斜顶夹层空间，一家四口住起来绝对绰绰有余，但退休父母与刚步入社会的青年子女处于不同的人生阶段，彼此需求大不相同。不想彼此干扰，就需要有独立但同时又能共享的住宅格局规划。因此设计师打开封闭的阁楼夹层，在寝区上方做镂空的挑高设计，精心打造的纯白鹦鹉螺造型旋转楼梯是美丽的装饰量体，也是连接立面空间的介质，无论是在露台晒日光浴或是在阁楼小窗前静思，皆是专属两人生活中的情趣点滴。二楼则是子女的私密寝区，为了提高互动与使用效能，打破原本的双套房设计，减少一间卫浴以换取共同使用的书房兼起居间。

1 电视主墙设计如向上生长的木枝，同时也象征家人携手的掌纹意象。

2 使用锻铁＋清玻璃的活动拉门，视情况灵活区隔客、餐厅区域，大面积阔叶剪影，如同室外自然造景延伸入室。

3 除了户外绿意，住宅前后露台更加入流水造景与小鱼池，延伸屋外绿意美景，也能有为住宅降温的功能。

4 一楼客厕采用玻璃隔间、减轻封闭压迫感；透光不透明的设计，搭配阔叶装饰与特别降低的照明设计，确保看不清使用者的身影，避免被窥探的尴尬。

5 住宅拥有难得的前后花园露台，使用落地窗不仅让视线延伸至室外绿意造景，平时只要打开门窗透透气，就会令人感觉凉爽舒适。

After

1F

室内面积：**223.01平方米**｜原始格局：**3 房 2 厅 4 卫、起居间**｜规划后格局：**3 房 2 厅 3 卫 2 起居间**｜使用建材：**烧面石材、橡木地板、梧桐木、特制铁件、板岩、玻璃、北美香杉**

[隔 间]

[设 计]

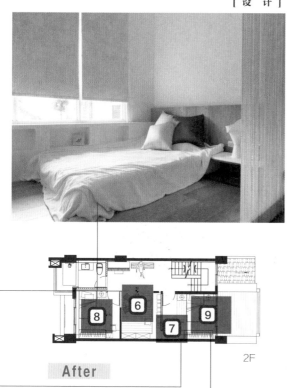

PLUS 立面设计思考

1 玻璃拉门区隔客、餐厅

一楼客、餐厅间采用清透玻璃搭配锻铁活动拉门作为分隔，饰以雨林阔叶植物图腾，与前后露台绿景相呼应，散发自然气息。

2 白色鹦鹉螺旋转楼梯

历时4个月、耗费成本十多万元的白色鹦鹉螺造型旋转楼梯，是设计师与铁工师傅的呕心沥血之作。舍弃中央支柱，单纯使用铁件踏板一层一层连接上去，以悬臂的承重概念，塑造视觉穿透、轻盈的效果，让楼梯不再只是连接的过道，而本身就是住宅的一处绝美景致。

[材　质]

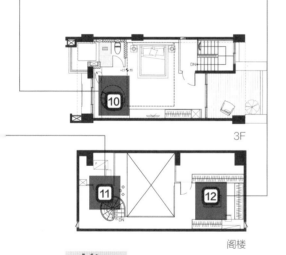

3F

10 位于三楼的白色鹦鹉螺旋转楼梯，舍弃中央支柱，单纯使用铁件踏板一层一层连接上去，以悬臂的承重概念，塑造视觉穿透、轻盈的效果，让楼梯不再只是连接的过道，本身就是一道风景。

11 三楼是父母专属的度假屋，不仅仅只有平面式的开放设计，更具备立面的独立空间规划，使用上更有弹性。

12 顶楼为难得的斜顶，特别铺贴北美香杉实木皮，特殊纹理为度假屋注入些许北欧情调，淡淡的自然木香带来嗅觉的享受。

阁楼

After

3 斜顶铺贴1.5毫米厚北美香杉

原本尘封于阁楼的斜顶楼板，不仅以夹层方式成为业主的顶楼度假空间的重要环节，更大面积铺贴 1.5 毫米厚的北美香杉实木，使用原本的建筑结构将其转化成住宅设计的一部分，突显特别的异国情调，隐隐约约的木质香味，令住宅更加怡人。

4 视觉方向由低到高，感觉更开阔

三楼寝区上方规划为局部镂空区域，设计师灵活运用斜顶的硬体条件，利用 3 ~ 7.5 米的视觉落差，达到扩展空间、消除压迫感的效果。

5

特殊屋型或者不规则屋型通常伴随着建筑造型而产生，不方正的屋型空间配置令人伤透脑筋，较难找到完整方正的区域加以规划，也容易产生角落廊道、阴暗的空间等问题，动线也难免会弯弯绕绕，无论走动或居住都相当不便。然而，城市住宅寸土寸金，每一寸可利用的空间都不能放过，所以如何在夹缝中争取更多功能成为畸零屋的最佳设计写照，也考验着设计者的机智与巧思。

特殊

屋型

格局专家咨询
团队

特殊屋型的4大格局

剖　　　析

1 畸零面积不大 不小难规划 | 一般小畸零角落多会放置收纳橱柜，但不大不小的畸零空间在设计时则较为尴尬。（详见 180 页、194 页）

2 以几何造型来规划 不对称的畸零角落 | 面对畸零格局，常常要打破一般方正空间的设计理念，运用 45 度角，甚至是圆弧几何形的设计来规划不对称的畸零空间。（详见 184 页、188 页）

3 房间、柜子难定位， 形成多角客厅 | 对于三角形的特殊屋型，房间、柜体若按照一般方式设计，很容易在公共区域东凸一块西凸一块很不美观，不仅难以设置厅区坐向，连走动都难免觉得不自在。（详见 186 页）

4 迂回动线有压 迫感又阴暗 | 由于屋型呈现不规则状态，动线经常是一进又一进的迂回状态，造成空间阴暗，如果无法通过照明、视线焦点转移等方法解决，就会成为住宅的问题角落。（详见 182 页）

翁振民
幸福生活研究院

每次总会提出三种不同格局给业主，认为格局是一个脑力激荡的过程，一个平面有千百种配法，每个配法都是一个不同的故事。

胡来顺
瓦悦设计

擅长且经手过数十个挑高住宅的规划，而且常常遇到面积超小又要塞很多人、拥有很多功能的状况，且都能迎刃而解，创造出比原来还宽敞的空间感。

张成一
将作空间设计

具有建筑师背景，不受制式格局的局限，总是能给予崭新的格局动线思考，因此变更后的配置皆能令人眼前一亮。

平 面 图 破 解

三角不规则

文 / 张景威　空间设计及图片提供 / 十一日晴空间设计

| 问 题 | 40余年三角形老屋，收纳杂乱零采光 |

| 破 解 | **重划动线改善歪斜公共空间，房间临窗光线通透** |

住有一家六口、凝聚全家人40多年情感的老屋，在儿女相继成家搬出后，家中一个个房间空出而在不经意间成为储藏室，原本木隔间被白蚁侵蚀，显露出老房子所面临的问题，整修之际，三角屋缺点也暴露出来：原始格局畸零空间太多，未作有效利用；隔间采光不佳，考虑隐私对外窗皆贴上报纸，光线被阻隔。此次设计更换出入口赋予公共空间方正格局，对外窗贴上隔热纸，每个房间都有对外窗，让光线通透全室之余又顾及个人隐私，三角形老屋有了生命力。

室内面积：**148.67 平方米**｜原始格局：**7 房 2 厅 2 卫**｜规划后格局：**5 房、2 厅、客房、起居室**｜居住成员：**一家六口**

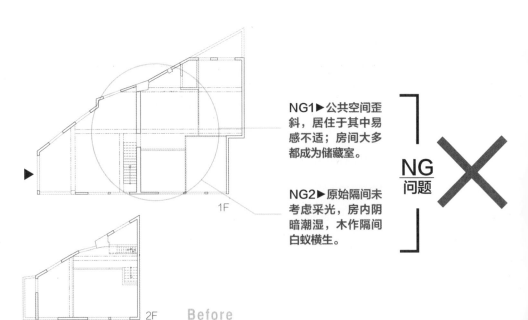

NG1▶公共空间歪斜，居住于其中易感不适；房间大多都成为储藏室。

NG2▶原始隔间未考虑采光，房内阴暗潮湿，木作隔间白蚁横生。

NG 问题 ✕

1F

2F　Before

OK
破解

隔间上层采用采光玻璃设计，日光通透全室

OK1▶ 原本隔间室内光线不流通，此次将房间上层采用采光玻璃设计，让光线穿透室内每个角落，阴暗潮湿、白蚁问题不攻自破。

改变出入口，赋予公共空间方正规格

OK2▶ 一楼原为两户，打通后改变出入口，赋予客厅、餐厅方正空间，居住于其中不易感受到三角屋的不适；精准使用房间并做收纳空间，解决每个房间都变成储藏室的问题。

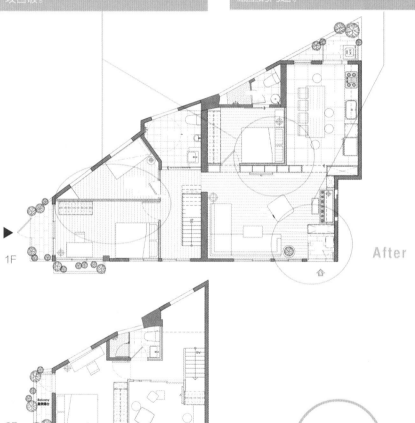

1F

After

2F

3F

PLUS
设计百科

打造人性化住宅，便利退休生活

考虑到父母年纪渐长，主卧室设置于一楼，并设立无障碍卫浴，无门槛设计让进出更方便。二楼和室除了下方做大抽屉增加收纳空间外，还架高了30厘米，此设计使坐下的时候十分省力。

平面图破解

圆弧形

文／许嘉芬　空间设计及图片提供／只设计部

| 问题 | **不规则圆弧屋型，动线迂回光线差** |
| 破解 | **拆一房变大和室，光线进来了，动线也更流畅** |

这间老屋外观是甜甜圈般的圆弧造型，既是特色也是设计规划时最大的挑战，随着孩子长大离家、夫妻俩即将退休，业主希望能将空间依照生活形态的改变，重新规划、布置，让家更符合习惯与需求。为了引入自然光与山景，使其成为空间中的画景，设计师将原本密闭的厨房隔间墙打掉，重新规划空间格局配置后，餐厅成为全家人的生活重心，也解决了老屋原本厨房狭小、餐厅封闭、动线迂回等问题，满足了业主的要求。

室内面积：**92.51 平方米**｜原始格局：**2 房 2 厅**｜规划后格局：**1 房 2 厅、客房**｜居住成员：**夫妻**

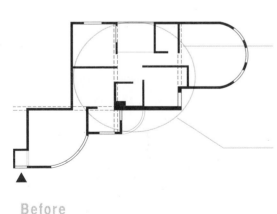

NG1▶由于屋型特殊，在格局上产生了一进又一进，显得空间狭小，动线迂回。

NG2▶有如迷宫似的动线，在过多隔间的阻挡之下，也阻挡了后方窗户的采光。

NG 问题 ✕

Before

OK
破解

墙面的延伸与缩短改善动线

OK1▶ 为了消除走动时的窘迫感，设计师将厨房料理台顺着客厅墙面延伸，不但得到舒适的走道宽度，也使空间动线变得顺畅。除此之外，次卧与主卧相连的墙面缩短，调整次卧入口，让动线更顺畅。

拆除一房与厨房隔间

OK2▶ 拆掉原来的一房，将其调整成一间大和室，用拉门区隔，空间利用富有弹性，原本密闭的厨房隔间墙也被打掉，除了一转身就能看到大片绿地，光线也变得更易穿透。

▲

After

PLUS
设计百科

地板收纳加装透气孔

架高的和室规划了地板收纳，且为了让物品不受湿气影响，在每个收纳格内加装了透气孔，让每个格都能相连透气，实现除湿的功能，同时精选品质好的轨道五金，让拉门在推动时方便、省力。

平面图破解

多边形

文／黄婉贞　空间设计及图片提供／瓦悦设计

问题	**3米狭长廊道＋横梁贯穿厅区**
破解	**大面穿衣镜放大视觉效果，造型收纳柜转移焦点**

3米狭长的走道，给人阴暗、压迫的第一印象，这是令业主最头痛的问题。穿过公共区域的横梁则使得空间线条杂乱、有压迫感，而客、餐厅与厨房因为原始坐向关系而无法互相分享空间，动线不顺畅。设计师将客厅坐向翻转，加上客浴墙面的退缩，走道问题迎刃而解，也为厅区带来方正、开阔的空间感。

室内面积：105.72 平方米｜**原始格局：3 房 2 厅 2 卫 1 书房**｜**规划后格局：4 房 2 厅 2 卫**｜**居住成员：夫妻、1 子、1 女**

NG1▶一进门就看到因格局产生的长廊，长达3米，不免觉得住宅狭小、有压迫感。

NG2▶住宅中央动线很局促；在没有对外窗的情况下，沙发背后、客厕处成为阴暗角落。

NG 问题

Before

OK
破解

材质、造型转移焦点

OK1▶ 用木皮包覆，打造出温暖的空间，加上设置大面穿衣镜，产生放大效果，让人忽略了狭长空间的距离，在此还隐藏着一个储藏室，将剩余空间充分利用用于收纳。

木皮包覆大梁，变身自然风斜顶天花

OK2▶ 有别于降板隐藏梁身，设计师反其道而行，以木皮包覆穿过客、餐厅区的大梁，并导斜角做出天花板线条，令其成为北欧风格的天花装饰。

PLUS
设计百科

妥善利用畸零角落做整合收纳

不规则基地总是有很多不好利用的畸零角落，妥善修整并运用是设计的关键。例如进门后转角与厨房间的区块，设计师巧妙地将电视置物柜、鞋柜、储藏室都整合在此处，入口拉门则隐藏在廊道一侧，提升收纳平效，使动线顺畅。

拉平客浴墙面，厅区方正大气

OK3▶ 将客浴与墙面修齐，并调整客厅坐向，令整体空间更加方正完整，公共厅区空间也显得大气许多。

平 面 图 破 解

多边形

文／黄婉贞　空间设计及图片提供／虫点子创意设计

问题	结构不方正光线好阴暗，家具难以摆放

破解	拆除厨房隔间引光线入厅区，重整卫浴，客厅变方正

这个42.95平方米的住宅，虽然两侧都有开窗，但因为设置了厨房、主卧等空间，光线被实墙完全阻隔，造成空间狭小，中央客厅区域采光不佳等情况。客厅除了阴暗问题外，因为方形卫浴凸出一块，导致其整体形状并不方正，对于家具的摆放也很令人头痛。还有重要的收纳问题，在这个面积小又畸零的住宅空间，该如何规划才能利于收纳又不占太多空间呢？

室内面积：**42.95平方米** | 原始格局：**1房2厅1卫** | 规划后格局：**1房2厅1卫** | 居住成员：**夫妻**

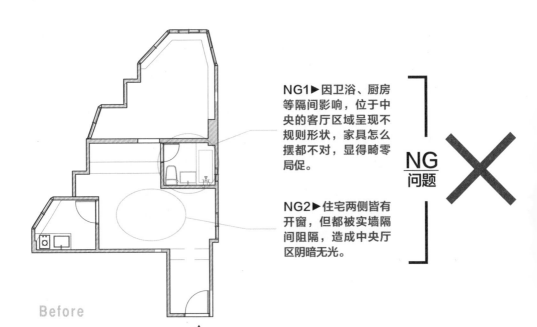

NG1▶因卫浴、厨房等隔间影响，位于中央的客厅区域呈现不规则形状，家具怎么摆都不对，显得畸零局促。

NG2▶住宅两侧皆有开窗，但都被实墙隔间阻隔，造成中央厅区阴暗无光。

NG
问题
✕

Before

打开封闭式厨房，
为客厅迎入自然光

OK1▶ 拆除厨房实墙隔间，往外拉一些扩增面积，设置吧台与餐桌，改为开放式餐厨区，便能将此处对外窗的自然光引入室内。

卫浴、储藏间压扁贴边，
圈围方正大客厅

OK2▶ 将方形卫浴压扁拉长，避免在客厅旁凸出一块壁面，也间接扩增中央厅区面积。储藏室则与卫浴整合，贴边设置于厅区一侧，令空间线条更加简练，放大视觉效果。

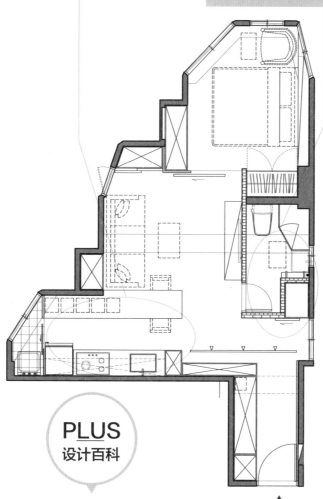

After ▲

PLUS
设计百科

开放空间＋借光入室，解决阴暗狭小问题

打开公共区域，用借光入室的手法，辅以开放空间延伸视线，让原本一块块"各自为政"的功能区域融合在一起，得到 1+1 ＞ 2 的惊喜效果。

实例破解
01

突出斜角怪屋型，回旋梯＋阴暗长走道，大宅气势无法显露

夫妻 +1 小孩，向往纽约 LOFT 公寓的自由开放感

文/杨宜倩
空间设计及图片提供/何侯设计

好格局清单

- ◉ **平效：** 开放格局＋弹性定义，空间感倍增。
- ◉ **动线：** 顺应屋况创造双回动线，直梯打造上下空间关系
- ◉ **采光：** 打开隔间＋透光材质＋挑空楼板，单面采光运用到极致。
- ◉ **功能：** 临窗卧榻＋多重运用，生活与休闲娱乐功能兼备。

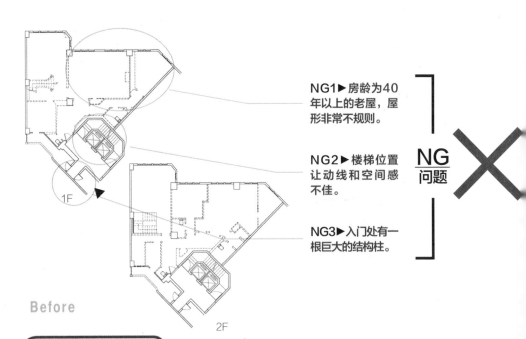

NG1▶房龄为40年以上的老屋，屋形非常不规则。

NG2▶楼梯位置让动线和空间感不佳。

NG3▶入门处有一根巨大的结构柱。

NG问题 ✕

1F

Before

2F

格局VS设计师思考

过时的风格及狭隘的空间感

业主喜欢现代中式的感觉，也想要纽约LOFT公寓的开阔感，楼中楼格局却因梯间位置让空间特色显露不出来，由于家庭成员少，不需要五间房间，因此将重点设在调整楼梯位置上，公共空间开放而方正，而位于畸零角落的卫浴则用转移视觉重心的手法化解空间的狭隘感。

OK
破解

畸零角落变身为麻将室

OK1▶ 原始屋型凸出的部分以拉门区隔出空间的独立性，也切割出公共区域的平整感。

分割方式与设备破解45度夹角

OK2▶ 主卧卫浴顺应管道间位置切出一个三角形空间，特别放置了三角形浴缸贴合角落。

调整楼梯位置与形式

OK3▶ 挑空区域改在透空楼梯位置，两个楼层在视线和动线上都有所连接。整个餐厅区因为挑空楼板及贯穿的墙面，呈现出纽约LOFT的生活风格。

After 1F

2F

久待的空间维持方正格局

OK4▶ 畸零角落被收整在墙面外作为更衣间，建构动线流畅、格局方正的主卧寝区。

改造关键点

1. 顺应业主想要的LOFT空间特性，让柱子大方而利落地露出来，作为界定空间动线的基点，配合开放的客餐厅公共空间，创造洄游式视线与动线。

2. 以现代工业感直梯取代巴洛克式折梯，搭配加大开口与挑空垂直立面，结合材质做工与细节配件的安排，突破不规则双层屋型的限制，成就大宅气势。

[动 线]

[设 计]

[家 具]

20世纪70年代的电梯住宅，屋型呈现非常不规则的形状，业主夫妻对格局的需求很简单，主卧之外需预留一间儿童房及老人房，但他们喜欢现代中式的空间感，也想要纽约LOFT公寓的开阔感，并确保每个空间之间的适当比例，展现不同特色。首先改变楼梯位置并打开楼板，借由这个中界位置串联上下楼层；特殊屋型经多次排列组合，最终设计师让不规则部分由卫浴吸收，留下方整的空间给卧室，转化空间劣势为特色焦点。

1 开放式客、餐厅，以可旋转的电视墙为中心，搭配空间原有柱体，创造双环状动线，不但消解原始格局走道长而阴暗的问题，更让住宅游走的路线具有变化趣味。

2 将被长久包覆的柱子露出来，搭配线性造型结合灯光，作为定义空间的轴心，从玄关往内望去，视线与动线自然地绕过柱体，让室内空间产生延伸感。

3 顺应空间的自由风格与 LOFT 格调，业主选购了许多 20 世纪 50、70 年代的经典二手家具，客厅沙发重新绷布，为经典穿上与现代合拍的外衣。

4 原本的格局中，空间由许多长而阴暗的走道连接，公共空间改以开放式概念设计后，走道消失了，光线进来了，并通过线条的统整，消除特殊屋型的歪斜感。

5 楼梯后方的休闲空间，是预留的麻将室，拉门设计保有空间的使用弹性，玻璃透光引入自然光，让仅有的单面采光发挥最大效能。

室内面积：**99.11 平方米**｜原始格局：**6 房 2 卫**｜规划后格局：**2 房 2 厅 2 卫浴、储藏室**｜使用建材：**超耐磨木地板、二丁挂砖、瓷砖**

After

[家 具]

[隔 间]

[设 备]

PLUS
立面设计
思考

1 **贯穿两层楼的**
白色砖墙 · 白色砖墙结合书柜设计，并于其间安排由上而下的洗墙光，材质与光线融合，贯穿两个楼层，既作为串联空间的直梯背景，也是营造垂直空间感的重要元素。

2 **有如纽约公寓**
的红砖墙 · 业主希望住宅有纽约 LOFT 公寓的特色，除了绵延两层楼的白色文化石砖墙之外，客厅沙发背景墙选用仿旧感文化石砖墙，创造有如纽约上城的文化沙龙。

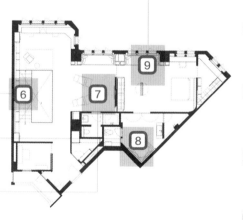

After

6 延伸两层楼的木作书墙，除了大单元的分割之外，也在架上设计了各种层次的小单元，不论是巨幅画作、中小型摆饰收藏，或是音响、书籍，都能找到安适之所。

7 主卧外的视听室，在电视墙中设计了隐藏式拉门，平时可作为休闲角落，有需要时也能作为客房或其他弹性空间使用。

8 45度角的特殊屋型，难以避免出现不规则空间，设计师将使用时间长的空间设计成方正格局，主卧卫浴则特别挑选吻合角度的浴缸，有如量身定做。

9 原始建筑的采光面有多根凸出大柱，通过双面柜及卧榻设计，不但将空间线条化零为整，同时多了休闲、阅读的角落。

3 **钢构对比皮革的透空直梯** 为突显楼中楼的空间感，除了改折梯为直梯之外，更克服结构技术，以不贴壁透空钢构直梯创造轻盈的工业感，扶手与踏阶则以皮革包覆，通过材质对比与细致做工彰显优雅品味。

4 **砖与木的几何拼贴** 将难解的45度角空间划入卫浴，墙面拼贴不同色泽、花纹的木皮，与带有层次变化的进口砖互相呼应，转移人们对空间不规则感的注意，同时增添活泼轻快的气息。

实例破解
02

斜角之家空间难利用，
临街西晒又嘈杂

新生儿的第一个家，希望成为他成长的美好记忆

文 / 张景威
空间设计及图片提供 / 非关设计

好格局清单

- ◉ **平效：** 对日常空间进行"方正思考"，令难解的三角屋获得最大利用。
- ◉ **动线：** 确立单一动线，公共空间与私密空间得以区隔。
- ◉ **采光：** 优化西晒问题，取得最好的日照角度。
- ◯ **功能：**

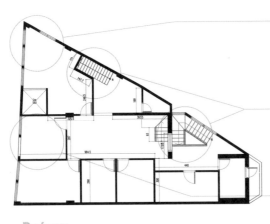

Before

NG1▶ 三角屋无法方正区隔，空间利用难以周全。

NG2▶ 原本便于雅房出入的三个出入口（两座楼梯、一座电梯），改成房间反而令动线紊乱。

NG3▶ 三角屋一边临街道，环境嘈杂，亦有西晒问题。

NG问题

格局VS设计师思考

特殊三角屋如何舒适入住

原本为隔间出租，现在收回自行居住，但难以区隔，畸零空间、临街吵闹与日照西晒是需要解决的主要问题。

OK
破解

善用"西晒"采光优势

OK1▶ 临街面虽有西晒问题，但却有采光优势，将餐厅、厨房、起居室设于此面充分享受阳光，并于厨房与起居室之间内推180厘米×180厘米的阳台，令街道与客厅之间有了缓冲。

确立动线，让空间获得更大运用

OK2▶ 确立中间为主要出入口，将位于主卧室的楼梯做加盖处理，令房间格局更为方正，而出口在厨房的电梯则保留下来，便于日后搬移重物时使用。

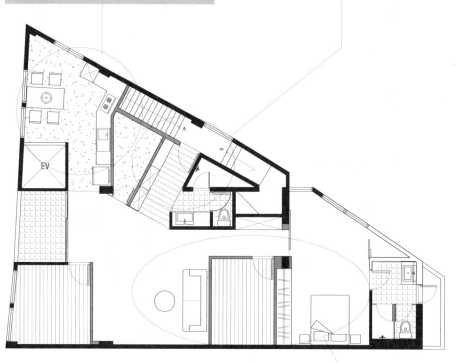

EV

After

先确定客厅、主卧室的位置

OK3▶ 客厅和卧室是生活中最常逗留之处，先确定这两处的位置，并赋予其方正格局，令人居住其中时忽略原屋型的不适感。

改造关键点

1. 对生活常用空间进行"方正思考"，即使是三角屋，生活于其中也感受不到畸零感。
2. "缺点优势化"：将一般人认为的房屋问题进行逆向思考，将劣势转化为设计焦点。

[设 计]

作为隔间出租使用时，因隔成多个房间，三角屋型并不明显，而改作居家利用，将所有隔间打掉之后斜角之家立现，没有格局限制，最有挑战与想象空间，却也无法依循，设计师26次修改设计图，在一开始即确立运用生活常用空间"方正思考"，赋予客厅、主卧室方正规格，并运用"逆转缺点为优势"的观念，将餐厅、厨房、起居室设于西晒面，获得最优采光，并"无中生有"一个阳台空间让临街噪声得到缓冲，让看似难解的三角屋有了完美的答案。

After

室内面积：**99.11 平方米** | 原始格局：**6 房 2 卫** |
规划后格局：**2 房 2 厅 2 卫、储藏室** | 使用建材：
超耐磨木地板、二丁挂砖、瓷砖

1　西晒采光优势让阳台成为悠闲的阅读空间。

2　为了维持客浴入口的尺寸，不位于同一直线的
墙就没办法用正常的拉门门片处理，现场决定
做的这扇连装修工人都没尝试过的折角拉门，
反倒成了这个斜角空间最富特色的角落。

3　因为家有新生儿，全室除了厨房、储藏室、
玄关与浴室之外的空间皆铺设德国超耐磨木
地板。

4　不让杂物堆得满屋子都是，集中收纳至门口
玄关与客厅前方临街道的储物间。

[设 计]

[动 线]

PLUS
立面设计
思考

1 不刻意的随
兴，简约摆设
流露型格

客厅沙发背景墙涂上水泥粉光漆，淡灰色泽呈现简约质感，配以三面白墙，地上随兴摆
着两幅现代画作，没有放置电视机的起居空间，用书与画滋养生活。

2 原则定调即使
不成套也协调

以简约黑、灰、白色为基调带有些许工业风的餐厨空间，一盏简单的黑色吊灯即为房间
定调，不成套的桌椅，因相似的属性，搭配得恰到好处。

5 基于安静与安全的考量，将紧邻主卧室、房子最中心的房间留给刚出生的宝宝。

6 因为是最中心的房间，考虑到通风的问题，加了两扇透气窗，让没有对外窗的房内的空气也能顺畅流动。

7 上方梁柱保留原本位置，也为空间分配做了最好的隐形区隔。

After

3 裸露梁柱缓解视线压迫 除了玄关空间，其他地方都没做天花板，让梁柱自然裸露于空间之中，不仅让空间不因硬做天花板而使视线感到压迫，也为各个空间划出区隔。

4 不同材质墙面让空间更有变化 玄关走道以木皮拉面呼应对面卫浴的木作斜角拉门，全室墙面也因分为一般白漆、灰色水泥粉光漆与木皮拉面，让空间呈现更有变化，在素色主调的衬托下，却也别有一番韵味。

6

两户组成一个单元称为双拼，双拼住宅在规划前，可以视业主需求，调整两边连接的紧密程度，这也会直接关系到改动格局所需的费用。若还是想保持两边拥有独立功能，可以考虑从中间开个小门做通道，或是直接在玄关处连接。若是想全面打通，拆除中央墙面时要先请建筑技师评估，因为将两边整合起来的费用也不容小觑。

双拼

屋型

格局专家咨询
团　　队

双拼屋型的3大格局

剖　　　　析

1 **套房合并遇梁，公共区域过大** 双拼住宅有一种是由两间小套房合并而成的形式，这种情况通常会导致中央遇有梁柱，又或者是公共区域明显过大，私密功能配置反而不敷使用。（详见 202 页、204 页）

2 **左右对称合并，公私区域较难安排** 另一种双拼住宅，合并后很明显呈现左右对称的结构，如此一来，如何连接两边是关键，以及产生的长走道动线又该如何化解也是一个问题。（详见 208 页、210 页、212 页、220 页）

3 **"冂"字形双拼多转角** 有些双拼打通后屋型就像镜子般对称为"冂"字形，通常可以拥有良好采光，但左右轴线被拉长加上多转角，反而不利于家人的互动。（详见 206 页）

翁振民
幸福生活研究院

每次总会提出三种不同的格局给业主，认为格局是一个脑力激荡的过程，一个平面有千百种配法，每个配法都是一个不同的故事。

胡来顺
瓦悦设计

擅长且经手过数十个挑高住宅的规划，而且常常遇到面积超小又要塞很多人、拥有很多功能的状况，且都能迎刃而解，创造出比原来还宽敞的空间感。

沈志忠
建构线设计

多次拿下室内设计大奖 TID Award 与国际知名奖项，认为设计是建立在使用者对话、讨论生活琐事的基础上的，透过使用者的文化背景进行整合。

平 面 图 破 解

套房合并

文／杨宜倩　空间设计及图片提供／六相设计

问题	**两小套房合并，公共区过大，功能空间不敷使用**
破解	**向内争取洗衣晾衣空间，客浴微退缩换来宽敞感**

三代同堂的家庭，住在两户打通的狭长空间，设计师精算尺寸，从使用形态考虑区域划分。以柜体界定玄关，鞋子、杂物收纳于此，半开放式的厨房以吧台和客、餐厅连接，大餐桌结合书房功能。改动全室格局，借走道连接公私独立的区域，沿着走道向内，设计师刻意放大走道宽度，并放置休闲椅，让引自各卧室与卫浴的窗光照亮行进动线，构筑感情交流的自然平台，并保留每个卧室最纯粹的睡眠功能，将生活功能归纳于公共区域，增进三代人的互动交流。

室内面积：**99.11 平方米**｜原始格局：**3 房 4 厅**｜规划后格局：**4 房 2 厅**｜居住成员：**长辈、夫妻、2 子**

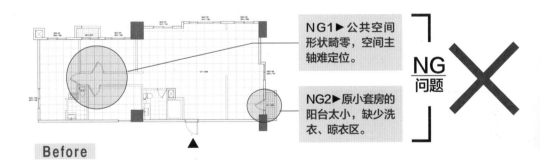

NG1▶公共空间形状畸零，空间主轴难定位。

NG2▶原小套房的阳台太小，缺少洗衣、晾衣区。

NG 问题 ✕

Before

OK
破解

角落空间增设一房

OK1▶ 原呈L形的公共空间大而不当并不好利用，在缺角处增设一房，作为孩子长大后的房间，公共区变得方正，隔间墙也成为电视墙。

向内争取向阳工作阳台

OK2▶ 设计师内缩局部空间，将向阳的小阳台扩展成具有洗衣、晾衣功能的阳台，并增设泥作水槽搭配层板设计，更加便利好用。

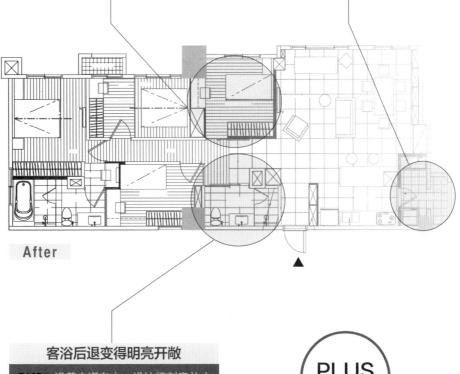

After

客浴后退变得明亮开敞

OK3▶ 沿着走道向内，设计师刻意放大走道宽度，并放置休闲椅，让引自各卧室与卫浴的窗光照亮行进动线。

PLUS
设计百科

主卧订制多功能床架

目前业主的孩子尚小，与父母同睡，主卧床架加长延伸至床边，可多放一个单人床垫，让孩子同睡，日后孩子长大单独睡一房时，拿掉床垫就是供女主人休憩使用的卧榻。

平 面 图 破 解

套房合并

文／张丽宝、许嘉芬　空间设计及图片提供／艺珂设计

问题	两户套房中段各自存在梁柱

破解	柜子修饰整合收纳柜，化解梁柱结构

两间套房以原来的隔间作为区隔的中线，划分出公私的动线，一边作为客厅及和室，让朋友来时可以自由活动，另一边则作为私密的卧室等空间。两间套房的梁柱问题处理：一边以柜子修饰，设计整面收纳柜，并从客厅延伸至和室，以轴心原理将电视柜规划在斜边搭配L形沙发，延伸面宽的同时也增加了收纳空间；另一边的梁柱就通过整合柜墙化解，同时以拉门区隔客厅与主卧，更衣室则规划在主卧角落，并以拉门界定主卧与更衣室空间，满足扩大更衣室的需求。

室内面积：**59.47 平方米**｜原始格局：**大套房**｜规划后格局：**1 房 2 厅、多功能和室**｜居住成员：**1 人**

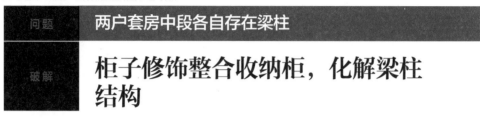

NG 问题

NG1▶两间约30平方米的小套房，屋子中间都有梁柱结构。

NG2▶右侧单元套房的梁柱几乎将空间一分为二，功能难以配置。

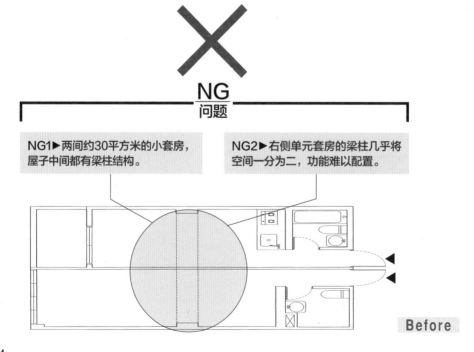

Before

OK
破解

柜子修饰柱体变收纳柜墙	整合三个功能收纳区隐藏柱体
OK1▶以原有隔间作为两户套房合并区隔的中线，左侧单元规划为公共区域，这边所遇到的梁柱问题运用柜子修饰客厅的柱子，并且延伸至和室成为大收纳空间来解决。	OK2▶针对右侧单元的柱体结构，设计师将此作为私密的大主卧空间，利用柱体区隔出床铺范围，并规划出上掀式收纳柜、边柜以及梳妆台三个功能区，巧妙地让柱体化为无形。

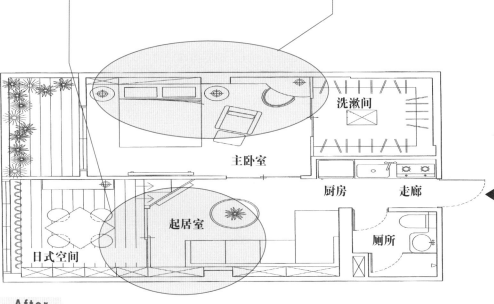

洗漱间

主卧室

厨房　　　　走廊

起居室

厕所

日式空间

After

PLUS
设计百科

玻璃拉门引入自然光

两间套房都属于只有前面有采光，合并后将和室规划在靠窗处，并以玻璃拉门与客厅作为区隔，同时也达到引入光线的目的。

平面图破解

"∏"字形合并

文／杨宜倩　空间设计及图片提供／好适设计

问题	公共区大而不当，走道阴暗狭长，房间挤在一起

破解	客厅餐厨位置对调，借动线引导，串起空间和视野

呈"∏"字形的双拼住宅，设计师以开放式手法处理动线，将坐拥两面窗景和露台的厨房改为客厅，进门第一个空间为结合阳台的餐厅、厨房，透过三片半穿透式门片，引导进入客厅的动线，对外视线也能完全展开。原本通往房间的阴暗走道被打开，以低落差台阶连接寝眠区，并规划了玄关空间，其作为动线轴心的同时也是展示花艺的舞台。

室内面积：**204.83 平方米** | 原始格局：**4 房 2 厅** | 规划后格局：**2 房 3 厅、弹性客房** | 居住成员：**夫妻、1 女**

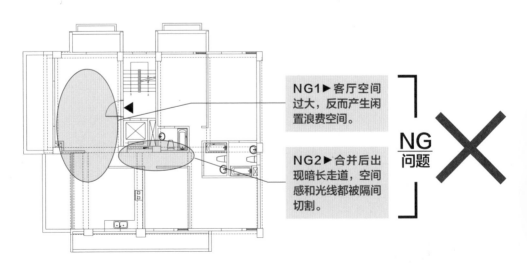

NG1▶ 客厅空间过大，反而产生闲置浪费空间。

NG2▶ 合并后出现暗长走道，空间感和光线都被隔间切割。

NG 问题 ✕

Before

OK
破解

半开放式餐厅、厨房变身招待区

OK1▶"冂"字形半开放式厨房设计，连接餐厅和阳台，将原本空荡闲置的客厅改造成一个完整的招待聚所。

大面落地窗引山景入室

OK2▶拥有两面采光的厨房改为客厅，为公共空间开出大面落地窗，不设电视墙视线无阻碍，引山景入室，充分展现双拼格局的优势。

活动柜门与台阶化解长走道

OK3▶打开一房隔间改为开放式客房，作为公私区域的中界，再通过地坪材质与渐进式的台阶，区分出公共区域与需要隐私的寝居。

After

PLUS
设计百科

透光旋转门引导动线

玄关利用端景设计，创造左右两条动线，设计师再利用三道具有穿透感的黑色门片，作为进入客厅的媒介，开阖变化时也能作为花艺展演的舞台。

平面图破解

左右对称合并

文／杨宜倩　空间设计及图片提供／相即设计

问题	**横长屋门在中间，空间格局被一分为二**
破解	**从玄关创造双动线，通过重整格局，缩短各空间的行进路线**

这户双拼住宅位于顶楼，视野、采光均佳。由于家庭成员只有夫妻俩、一个小孩及业主母亲，因此将采光最好的区域——隔间整个打开，安排为最常用的客餐厅与开放式厨房，再沿着这条采光轴线，配置玄关、储藏室、客厕与客房等。卫浴管线不动，三间套房配合管路但扩大卫浴，使用更舒适，并设计一间客厕方便使用。

室内面积：**198.23 平方米**｜原始格局：**4 房 3 厅**｜规划后格局：**3 房 2 厅、起居室**｜居住成员：**母亲、夫妻、1 子**

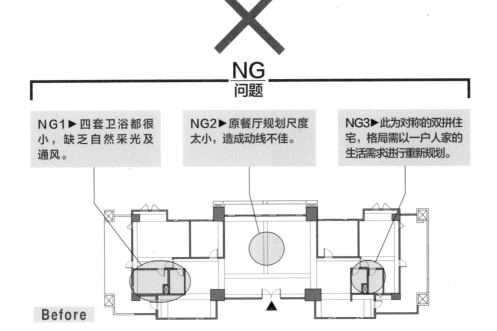

NG 问题

NG1▶ 四套卫浴都很小，缺乏自然采光及通风。

NG2▶ 原餐厅规划尺度太小，造成动线不佳。

NG3▶ 此为对称的双拼住宅，格局需以一户人家的生活需求进行重新规划。

Before

OK
破解

调整客房，拉齐空间线条

OK1▶ 整合零碎空间，规划房间时，重新思考并简化空间线条，不但提高空间利用率，也让动线合理化，符合生活便利性。

舍一房打造出大厨房与餐厅

OK2▶ 把客餐厅打通成一个大的开放空间，将厨房移到大餐桌旁，活动门设计让厨房可开放、可密闭，视需求做弹性调整。

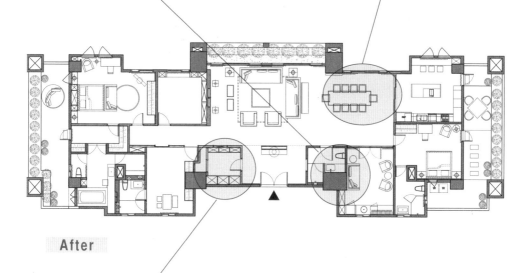

After

增设衣帽间、储藏室和客厕

OK3▶ 大门处产生许多闲置空间，利用玄关端景墙创造双向动线，并在两侧分别增设收纳空间与客厕，行进路线得以缩短。

PLUS
设计百科

采用特殊涂料创造材质对比效果

客厅的电视主墙使用特殊涂料，可仿造水泥质感，与空间中其他材质进行对比，并将影视设备管线收整于地板下，再以沙发背柜收纳影视设备，维持墙面及空间的简洁。

平面图破解

左右对称合并

文 / vera、许嘉芬　空间设计及图片提供 / IS 国际设计

问题	走道无任何功能，甚至与客浴相对
破解	调整客浴，将走道纳入电视墙、餐厅利用范围，打造可独立又可连接的双拼大宅

此住宅为两户各拥有4房，是业主送给两位已成年儿子的礼物。这种横长形的双拼住宅，首先面临的就是合并后产生的左右长轴线问题，还要考量未来的独立切割，从大门进入后设有左右各自的入口，然而各自遇到的状况是，一边入口面对客浴，一边则是形成毫无功能的走道，因此设计师将右侧单元原客厅旁的房间拆除调整为客厅，同时拆除厨房隔间连接餐厅，将走道化为无形，另一户则是利用过道规划电视墙面。

室内面积：**214.75 平方米** | 原始格局：**7 房 4 厅** | 规划后格局：**玄关、双客厅、双餐厅、双厨房、双主卧、双主卧更衣室、双主浴、双儿童房、双客浴、和室、书房** | 居住成员：**两兄弟**

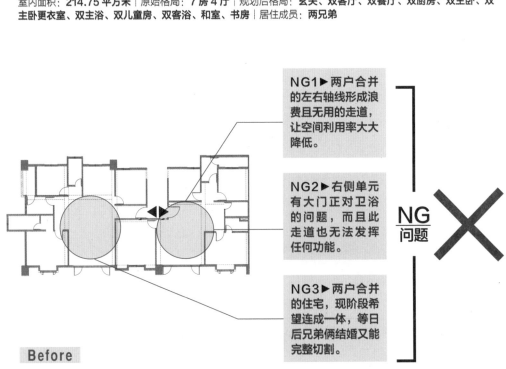

NG1▶两户合并的左右轴线形成浪费且无用的走道，让空间利用率大大降低。

NG2▶右侧单元有大门正对卫浴的问题，而且此走道也无法发挥任何功能。

NG3▶两户合并的住宅，现阶段希望连成一体，等日后兄弟俩结婚又能完整切割。

NG问题 ✕

Before

OK
破解

走道纳入电视墙

OK1▶ 两户合并的左侧单元，走道上设置电视墙，加上原厨房位移连接旁边的房间，规划出二进式主卧，电视墙亦兼具从客厅直视主卧室入口的功能。

调整客浴入口，走道整合餐厅

OK2▶ 将客浴往外挪移且调整入口，使其与儿童房相邻，避开走道对浴室门的窘境，另一方面将进门处规划为餐厅，将走道纳入利用范围。

After

活动拉门可连接又可独立

OK2▶ 将两户间的隔间拆除，改以活动拉门作为连接，串联两户的客厅，让使用者可随着需求的变化将空间做完整的切割。

PLUS
设计百科

双风格界定各自喜好

以拉门连接两户大宅，一边偏向简约现代，另一边则以现代古典为风格主题，简洁中带有华丽的质感，展现出空间的时尚风采。

实例破解

01

双拼住宅要频繁招待宾客与兼顾隐私，功能迥异却需具备相同空间语汇

除了一家四口住，其他家人还要能自由进出

文／黄婉贞

空间设计及图片提供／沈志忠联合设计、建构线设计

好格局清单

- ☑ **平效：** 门扇做区隔，是茶室也能作为客人休息区。
- ☑ **动线：** 高低界定、全开放规划，动线超自由。
- ☑ **采光：** 每个空间几乎都有开窗，处处明亮。
- ☑ **功能：** BBQ吧台、客厅、茶室、视听室，宴客功能完备。

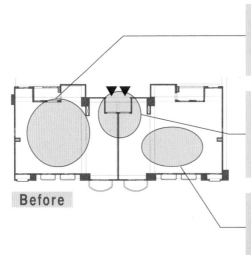

Before

NG1▶ 分属于住宅与宴客区的两个空间，虽然功能截然不同，却一定要有同一户人家的感觉。

NG2▶ 两边要能由同一大门进出，却又不能互相干扰；此外，业主特别提出由住宅走到宴客区要不出大门、保护隐密性的要求。

NG3▶ 宴客区有美丽的大窗景，希望不局限在一个房间，最好能让整个住宅都可以欣赏。

NG问题

格局VS设计师思考

使用者需求优先　此户住宅需要分成住宅区与宴客区两边来看。住宅区主要为业主夫妇与孩子使用，成员构成较简单，需要以夫妻两人的收藏以及小朋友的读书区作为规划重点。宴客区则除了业主一家人外，父母和弟弟能自由进入招待客人，所以除了入口需要与住宅区分开、避免干扰外，要因客人数量的不同，具备多元性的功能。

OK
破解

延续相同材质打造整体感

OK1▶虽然分属于住宅区与宴客区，但毕竟还是同一户人家，因此特意在左右两边使用接近或相同的材质，让业主身处公私区域，都能舒适、习惯，而不会产生太大的冲突感。

玄关过道、弧形拉门区隔空间

OK2▶利用同一道大门与长形的玄关过道连接两区，再通过左右两边的弧形隐藏拉门实现各自进出。即使是父母或弟弟使用宴客区，也能在不打扰业主的情形下进出。

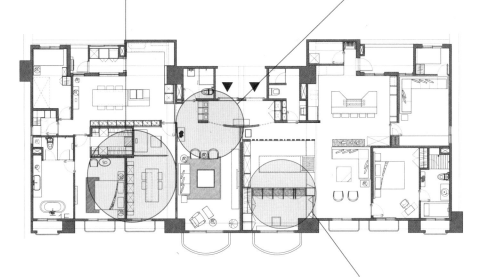

After

拉门与窗平行，打开后连接户外景致

OK3▶位于住宅中央的拉门以弹性开阖手法，成为宴客区整个空间的设计主轴。与大窗面平行的拉门全打开时，户外树景能一览无遗地映入室内，BBQ吧台区、客厅、茶室都能欣赏到。

改造关键点

1. 将空间X轴作为连接各空间功能的轴线，开放式设计、可弹性应用的隔屏，令空间可一分为多，或是转而成为串联起各个子空间的关键。

2. Y轴通过隔屏，营造住宅从每个角落望过去的不同景深，将室外树海的绝美景致延揽入室，融合业主精心收集的东方茶具器皿，营造出室内外相呼应的茶文化氛围。

[动 线]

[动 线]

此户双拼住宅，有别于全都打通成同一空间使用的传统规划方式，反而运用原本相邻而区隔的特性，规划出业主夫妻想要的住宅区＋宴客区。

全室整合重点有三：一是入口大门动线的整合；二是从公共空间设计语汇的协同，到私人空间中，业主两人喜好所带来的不同设计语汇的整合；三是整体空间的协调性。从小处到单一个体，直至全部大空间。

住宅区需要注意女主人收藏的中西合璧的器皿，以及男主人收藏的东方的砚台、佛教的书籍与小朋友阅读的环境。宴客区则需描绘出东方传统的茶室感觉，主轴是规划宴会场地，以招待会所的方式进行整体设计，因此160平方米左右皆为开放式设计，只有视听室与客人休息室为独立空间。

室内面积: **363.42平方米** | 原始格局: **全开放式格局** | 规划后格局: **宴客区: 玄关、客厅、餐厅、厨房、榻榻米区、品茶室、客房、2卫、视听室；住宅区: 玄关、客厅、餐厅、厨房、书房、2卧室、2卫** | 使用建材: **宴客区: 榉木桌、铁刀木深沟纹木皮、柚木喷砂木皮、宣影布、竹编织、清玻璃、铁件喷漆、毛布面铜色发色钢板、明镜、金箔、印度黑烧面石材、板岩石、雪梨灰瓷砖、山水黑瓷砖、订制榻榻米地板、柚木实木地板；住宅区: 桧木桌、柚木有节钢喷砂实木皮、柚木无节实木皮、牛皮编织、清玻璃、明镜、仿铁漆、黑铁/实心铁管烤漆、毛丝面原色不锈钢、橡木纹大理石、亮面/仿古面银狐石、庞德罗莎实心砖、亮面/烧面银狐砖、橡木/柚木实木地板**

1 从大门进来会有个长形玄关，右侧设置男主人的砚台展示架，以半镂空方式区隔室内外，隐约可穿透看到住宅区，令空间不因封闭而显得气闷，同时一进门便点出主人的爱好，用人文品位做出低调的自我介绍。

2 铁刀木纹格栅是由玄关踏入宴会区见到的第一个画面，作为半穿透的区隔功能，让宾客不会产生被一览无遗的窥视感；粗细不一的柱体表现出随性自在的隐性语汇。

3 统一入口确保入门后的活动隐私，再经由玄关两侧隐藏弧形拉门进入住宅区与宴会区，避免不同访客互相干扰。

4 整个公共区域主要分为客厅沙发区、餐厅厨房区与休憩茶室区，利用架高方式隐性分隔不同功能区域。

After

[隔 间]

[功 能]

[设 计]

After

[设 计]

⑤ 男主人的茶室区域，分为木地板与榻榻米两处，并以弹性隔间加以界定。临窗处还能在阖起拉门后，成为客人的休息空间。

⑥ 特别设计的吧台烹饪区，可供BBQ、铁板烧，男主人希望能在这儿亲自大展身手准备料理、招待来访友人。

⑦ 小客厅与茶室，以开放式手法分享空间，进而运用架高地坪隐性分隔区域功能。同一批宾客可依照喜好分在两处，又能产生共享欢乐围氛的效果。

⑧ 茶室一旁的展示柜设计，源自古代贵族收藏珍贵古玩的多宝格，以迎合业主夫妻喜欢收藏古物的喜好。

[采 光]

[设 计]

PLUS 立面设计思考

1 金箔玄关端景墙 ｜ 通往住宅两侧的玄关，做成长条圆弧形，壁面以金箔铺贴，作为一进门的亮眼背景，辅以男主人收集的佛像、砚台收纳展示，呈现庄严、贵气的第一印象。

2 特殊软木背墙 ｜ 使用特殊软木材质，作为多宝格背景墙，其单纯、自然的纹理成为各式珍贵古玩收藏品的最佳陪衬。

After

⑨ 利用多重灯源的搭配变化，如嵌灯、投射灯、柜体装饰灯、造型主灯等多种灯源的使用，展现绝佳的视觉美感。

⑩ 榻榻米区的茶室拥有美丽的树海绿意，处于住宅特别的"端景"位置，特别简化各式设计与线条，突显窗景。

⑪ 客厅与书房之间的墙面，是由各种不同尺寸的窗户所组成，可开阖的窗户和穿透的视线，形成互享又独立的个性空间。

3 **竹编活动隔屏** 肩负区隔住宅区域重责的活动隔屏，采用竹编材质制成，给人轻盈质朴之感，而其典雅沉稳的色调，与全室原木风格更是合而为一。

4 **铁刀木纹格栅** 铁刀木纹格栅是由玄关踏入宴会区见到的第一个画面，作为半穿透的区隔功能，让宾客不会有一览无遗的被窥视感；粗细不一的柱体表现出随性自在的隐性语汇。

原有两户合并只有卫浴隔间，大门开在中间，客厅又要有待客区

一家四口需保有独立生活空间

文／张丽宝
空间设计及图片提供／IS 国际设计

好格局清单

- ☑ **平效：** 以公共区域为中界，让两代人有各自独立的生活空间，但又能维持大气的空间感。
- ☑ **动线：** 规划内玄关并以家具及造型餐柜区隔客厅及餐厅，两边各自连接主卧及次卧，形成独立的双动线。
- ☑ **采光：** 两户合并的双阳台落地窗形成大面采光，为公共空间带来明亮的光源。
- ☑ **功能：** 长形中岛吧台串联餐厅与厨房，同时保有平时用的便餐台及宴客用的餐厅；主卧不仅有完整的更衣及卫浴区，还紧临书房，让业主有属于自己的阅读空间。

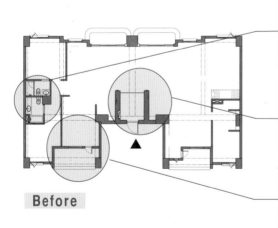

Before

NG1▶ 原开发商虽已预先将两户合并成为一户，但只预留浴室的格局，其他空间未做规划。

NG2▶ 两户合并大门开在中间，客餐厅该如何规划才能拥有完整的待客区？

NG3▶ 主卧及次卧要如何规划，才能有各自独立的生活空间？

NG 问题

格局VS设计师思考

两户合并但仍希望保留两代的独立生活空间

经商的业主，在预售时即请开发商先将同层的两户合并，成为室内面积达264.30平方米的大宅，由于家中唯一子女已成年，在格局动线规划上，还是期望仍保有各自的独立生活空间，同时要有完整的待客区，但又要不失大宅的空间气势。

OK
破解

二进式玄关形成双动线

OK1▶设计师以二进式玄关来展现空间气势，也以玄关端景及大理石拼花，将客厅与餐厅做区隔，让动线层次更为分明，同时也形成双动线。

半开放隔间既可区隔空间又可营造大气质感

OK2▶以开放式隔屏区隔餐厅与客厅及内玄关，连接开放式厨房，让交友广泛的大宅业主，有个气派的客厅及媲美五星级饭店的餐厅待客。

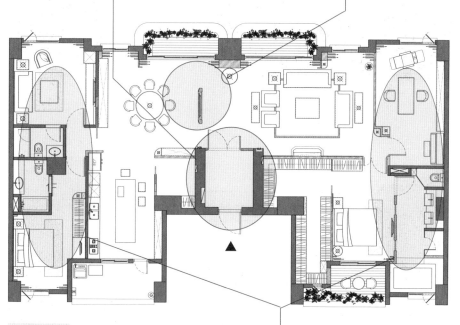

After

各自连接休憩空间让生活更独立

OK3▶将主卧及次卧规划在房子的两侧，主卧配置于客厅旁，并有主卧专用的书房，而次卧则规划于餐厅旁，连接视听室，不但让彼此有各自的生活动线也兼顾到休憩嗜好。

改造关键点

1. 善用两户合并，大门从中间进入的空间优势，规划独立的双动线。
2. 二进式玄关串联客厅与餐厅，形成半开放式空间的完整待客区。
3. 将主卧及次卧等空间配置于房子两侧，中间为公共空间，让两代人可共同生活又有自己的独立空间。

[风 格]

[设 计]

买下同层两户房子的业主，原本计划将来小孩结婚后可比邻而居，但考量到小孩虽已成年，但离适婚还有好几年时间，加上经商的业主虽常年旅居国外，但只要一回国，家中客人就络绎不绝，需要较大的待客空间，于是将两户合并。考虑到子女仍需要独立的生活空间，设计师规划了二进式玄关，形成双动线，两边各自连接了主卧及次卧，两代人不仅有自己的独立生活空间，即使家中有客人来时，也不会相互干扰。

1 由于业主常住国外，对于古典风格虽较为偏好，但又不希望过于雕琢，让空间流于俗气，但也不能失去大宅应有的精致质感，于是设计师选择现代古典为大宅风格定调。

2 由于业主长年在国外，不喜欢客厅配置电视干扰待客，本案设计师以壁炉为客厅的中心点，并选择大理石作为壁炉的材质，搭配对称的壁灯及水晶灯饰，更能展现出现代古典奢华又温暖的氛围。

3 善用两户合并的优势，设计师除了以二进式玄关来展现空间气势，还以玄关端景及大理石拼花，将客厅与餐厅做区隔，让动线层次更为分明。

4 家具也打破一般配置，以"冂"字形的配置搭配不同造型及风格的沙发、单椅，打造有如国外影集常见的大宅场景。

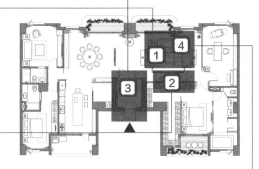

After

室内面积：264.30 平方米｜原始格局：4 房 4 厅｜规划后格局：2 房 2 厅、书房、视听室｜使用建材：**天然木皮、蛇纹石、卡布奇诺、雨花白、咖啡绒、金镶玉、浅金峰、雪白银狐、意大利进口瓷砖、白橡木洗白染灰海岛型木地板、银丝玻璃、茶镜、明镜、清玻璃、壁纸、壁布、绷布、皮革**

[功 能]

[材 质]

PLUS
立面设计
思考

1 **低调奢华的大理石**

虽然被归类于自然材质，但大理石凭借其独特的花纹及其所散发的贵气，一直是豪宅装修的必用材质，为追求精致质感，设计师选择了大理石为主要材质，除了地面外，天花板的线板，还有客厅的壁炉也运用了不同的大理石，提升了大宅应有的气势。

2 **简化后的古典线板**

即使室内面积已达264.30平方米，但受限于楼高，若是以一般传统古典作为风格主轴，层层相叠的古典线板反而会造成空间的压迫感，设计师将线板线条简化并特意拉高天花板，让空间保有古典元素却不会影响空间感。

After

将主卧配置于客厅旁边，设计师特意放大主卧的空间尺度，利用主卧主墙后方的畸零长形空间规划为更衣室，同时浴室也采用四件式卫浴设备，同时紧临书房，让业主有属于自己的阅读空间。

以隔屏区隔出的正式餐厅，连接开放式厨房，设计师特意在厨房规划了可作为便餐用的中岛吧台，让业主平时可在中岛吧台用餐，宴客时又有个气派媲美五星级饭店的餐厅来待客。

为满足追求精致质感的业主的期待，设计师通过不同种类的大理石搭配及施工细节的设计，像是天花板的蛇纹大理石线板及大理石层板，搭配水晶灯饰及灯光，突显出空间的奢华感。

3 华丽气息材质的点缀

除了重点材质大理石的运用外，如何通过材质及元素来展现奢华感，设计师选择了茶镜、明镜、壁纸、壁布、皮革等具有华丽气息的材质作为重点装饰，如区隔内玄关与餐厅的镜面隔屏造型电视墙、客厅对称的壁纸主墙等。

4 别忽略了画龙点睛的家具及灯饰

风格的形成不只在于硬体装修的语汇，最重要的还是家具及家饰的搭配，设计师选择古典风的家具及水晶灯饰，并跳脱一般的家具配置，画龙点睛地打造出个性风格。

实例破解
03

格局面积受限，
空间所分配的比例较窄小
一家四口之外，亲友、长辈偶尔也会同住

文 / 余佩桦
空间设计及图片提供 / 品桢设计

好格局清单

- ▣ **平效：** 3房格局不变的情况下，新增书房、老人房，使用更灵活。
- ▣ **动线：** 拆除原分户墙，新独立出来的区域作为串联彼此的重要廊道。
- ▣ **采光：** 适度拆解墙并辅以开放式手法，找回空间应有的明亮感。
- ▣ **功能：** 善用架高与隐藏手法，在空间中增设不少收纳柜。

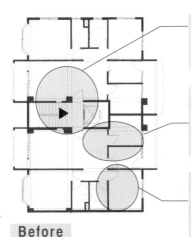

Before

NG1▶ 2户整并并非只是将分户墙做拆解即达到两户打通的效果，更期盼在打通处也能注入功能而不会有所浪费。

NG2▶ 原两户皆属于长方形格局，采光因长形屋多少有点受影响，希望能在两户打通后通过设计，让光线能够渗透到室内的每一处。

NG3▶ 厨房总是被安排在最角落，渴望重新分配位置，并且能设计成方便女主人做料理的同时也能关照到小孩的一切。

NG
问题

格局VS设计师思考

面积、功能、效益三者相互牵引

两户打通后的面积原比单户来得大，舍弃一味塞入的格局形式，从居住人口中真正需要的功能出发，搭配使用效益来做设计。整体维持三房格局，并再多规划书房、老人房，一家四口有自己独立的空间，也有全家人能共用的空间，同时长辈、亲友来居住时也不必担心房间数不足的问题。

OK
破解

善用廊道增设储物区

OK1▶ 两户相通的廊道同时也兼具储物区功能，有独立柜体也有展示型置放脚踏车的置物架，善用环境，同时也让功能不会突兀地存在。

聪明拆墙找回尺度与明亮

OK2▶ 在不破坏结构的情况下，拆除部分隔间墙并辅以开放式设计，感受宽敞的空间感，同时也让光线不受阻隔地渗透到室内每一处。

After

架高、内缩把收纳藏得很漂亮

OK3▶ 渴望空间拥有充足的收纳又不破坏整体设计，于是通过架高与内缩手法，把收纳功能隐藏其中，既不破坏整体的立面设计，又能满足业主的收纳需求。

改造关键点

1. 在尽量不改变两户格局的情况下，打通两户的分户墙与部分隔间墙，所需要的房间数能妥善地被安排在格局里，同时在衔接两户的廊道上再多赋予储物功能，环境有效地被利用，也充分地拉大了生活尺度。

2. 公共区域以开放式设计为主，私密区域则以封闭式设计为主，如此一来空间能有效率地被打开，展现宽敞尺度外，身处其中也不会感到局促。

[设 计]

[材 质]

业主原本住在这两户的其中一户，机缘巧合地将隔壁户也买下，期望给一家人更宽敞舒适的生活空间。两户打通后使用面积变大了，在3房格局条件不变的情况下，期盼能多增加格局功能，除了增加书房、老人房外，也用开放式手法将厨房、餐厅结合在一起，增加家人之间的互动；一旁还依业主需求与喜好，加入储物区与脚踏车架，充分利用空间的每一处，也让两户合并的意义发挥到极致。

After

室内面积：**148.67 平方米**｜原始格局：
6 房 4 厅｜规划后格局：**3 房 2 厅、书房、
老人房**｜使用建材：**木皮、石皮、木地板、
铁件、烤玻、南方松**

1 客餐厅、厨房运用开放式手法来表现，适度
地打开空间之后，光线可以恣意地进入室
内，同时也让整体空间变得更为宽敞。

2 期盼为"水泥四方盒子"注入一点暖意，特
别在壁面使用了不同色泽的木料，木纹肌理
与色泽散发出独特的温润感，同时也让业主
进入空间时，更容易放松心情。

3 色彩可以创造活力、温暖，当然也能打造清
新的效果，空间中这一抹草绿色系墙面，不
仅带来清新、舒爽的效果，同时也让空间看
起来更明亮。

4 除了运用设计改善采光，也适度加入了不同
形式的人工照明，所散发出来的柔黄光线，
无论照射在墙面上还是物件上，散发出的暖
意让家变得更有品味与情调。

[功 能]

[功 能]

[风 格]

PLUS
立面设计
思考

1 镜面材质加强
放大效果

如何在不破坏格局的情况下突显空间感，除了开放式手法，善用材质也是一把利器。像是书房中其中一道墙就加入了镜面材质，借助其材质本身的反射特色，除产生放大效果外，同时也带来了丰富的视觉变化。

2 生活小物让家更
有自己的味道

业主一家人会拍摄一些相片，相片洗出来后摆入相框中，其实这就是布置空间的好方法，看中这项特点并将这样的思考融入空间里，电视旁的端景墙就用这样的概念来布置，生活小物有了不一样的呈现方式，家也更有了属于业主一家人的味道。

After

⑤ 拆除两户之间的分户墙后，多出来的空间身兼廊道与储物区功能，除了配置独立收纳柜，也设计了脚踏车架，让脚踏车能漂漂亮亮地被收起，同时也满足了主人的需求与喜好。

⑥ 为了让女主人在做料理的同时也能关照到小孩儿的一切，餐厨区以开放式手法整合在一起，并在其中加入了中岛吧台，使用功能变得更有弹性，同时也做到了善用空间每一处。

⑦ 整体空间感不太复杂，为的就是希望能运用简单的线条、单纯的色系来营造，出来的效果是令人放松、舒适的，更令人倍感轻松自在。

⑧ 特别规划了一间独立书房，全家人可以在此阅读、分享，同时经设计师建议将书柜架高，既可以作为小朋友阅读及表演的平台，下方的空间也可作为收纳柜使用。

3 画龙点睛的单椅、寝具

空间以色系、材质作为铺陈，若仍希望创造视觉亮点，不妨从单椅、寝具开始。卧室里摆放了一把造型富有新意的单椅，各房间的寝具样式简单却又雅致，微微地、画龙点睛地存在，但又不破坏整体格调。

4 转个弯创造另类3.4米优势

由于室内楼高为3.4米，原本业主希望能在书房中规划一面大书墙，但设计师考虑到，过高的书柜拿取东西需要爬楼梯反而会增添危险性，于是改将书柜做架高处理，如此一来，小朋友能在这架高的平台上阅读与表演，下方空间还能够收纳物品。

图书在版编目（CIP）数据

住宅格局破解术 / 漂亮家居编辑部著 . ── 南京 ：
江苏凤凰科学技术出版社，2016.7
ISBN 978-7-5537-6572-3

Ⅰ．①住… Ⅱ．①漂… Ⅲ．①住宅－建筑设计 Ⅳ．
① TU241

中国版本图书馆 CIP 数据核字 (2016) 第 140682 号

住宅格局破解术

著　　　者	漂亮家居编辑部
项 目 策 划	凤凰空间 / 翟永梅
责 任 编 辑	刘屹立
特 约 编 辑	蔡伟华

出 版 发 行	江苏凤凰科学技术出版社
出版社地址	南京市湖南路 1 号 A 楼，邮编：210009
出版社网址	http://www.pspress.cn
总 经 销	天津凤凰空间文化传媒有限公司
总经销网址	http://www.ifengspace.cn
印　　　刷	北京博海升彩色印刷有限公司

开　　　本	710 mm×1 000 mm　1/16
印　　　张	14.5
字　　　数	162 000
版　　　次	2016 年 7 月第 1 版
印　　　次	2017 年 10 月第 2 次印刷

标 准 书 号	ISBN 978-7-5537-6572-3
定　　　价	58.00 元

图书如有印装质量问题，可随时向销售部调换（电话：022-87893668）。